Fundamentals of
HVAC Control Model

暖通控制模型基础

吴 敏/著

重庆大学出版社

内 容 提 要

本书应用暖通控制模型基本原理与经典控制理论中串级调节、分程调节、最大值/最小值调节、非线性转化为线性调节原理,结合供热、通风、空调、制冷、锅炉、流体机械理论等,给出工业及实验室恒温恒湿空调系统控制模型、实验室通风系统控制模型、冷站系统控制模型、工业锅炉房系统控制模型、换热站系统控制模型,并给出了部分工程实例。在附录一提出了变流量下冷水旁通电动调节阀口径的计算公式,在附录二提出了冷却塔冷却水定流量及变流量下冷却水出水温度动态设定值的计算公式。

本书可供暖通自控专业技术人员及高等院校建筑环境与能源应用工程专业的师生参考。

图书在版编目(CIP)数据

暖通控制模型基础 / 吴敏著. -- 重庆:重庆大学
出版社,2024.1
ISBN 978-7-5689-4283-6

Ⅰ. ①暖… Ⅱ. ①吴… Ⅲ. ①恒温恒湿系统 Ⅳ.
①TU831.3

中国国家版本馆 CIP 数据核字(2023)第 234901 号

暖通控制模型基础

吴 敏 著

策划编辑:张 婷

责任编辑:鲁 静　　版式设计:鲁 静
责任校对:邹 忌　　责任印制:赵 晟

*

重庆大学出版社出版发行

出版人:陈晓阳

社址:重庆市沙坪坝区大学城西路 21 号

邮编:401331

电话:(023)88617190　88617185(中小学)

传真:(023)88617186　88617166

网址:http://www.cqup.com.cn

邮箱:fxk@ cqup.com.cn(营销中心)

全国新华书店经销

重庆天旭印务有限责任公司印刷

*

开本:787mm×1092mm　1/16　印张:12.75　字数:316 千　插页:8 开 2 页
2024 年 1 月第 1 版　　2024 年 1 月第 1 次印刷
ISBN 978-7-5689-4283-6　定价:49.00 元

序

　　长期以来,建筑环境与能源应用工程专业(以下简称"建环专业")的暖通空调工程自动控制技术的发展一直不令人满意,其远远落后于工程自控领域的平均发展水平,得益于暖通空调设备本体的自控,才在形式上有了暖通空调工程的自动控制,但是设备本体的自控终究替代不了它们组成的暖通空调工程系统的自控。暖通空调工程系统的自控需要建环专业和自控专业人员在工程设计、建造和运行的全过程中良好配合,才能实现。

　　由于暖通空调工程基础理论的复杂性和工程实用系统的多样性、运行工况影响变量的状态变化范围的宽广性及随机性,自控专业不易被人理解,人员不能像其他工程系统那样,学习少数工程实例后就能够按该工程专业提出的自控要求完成相关自控设计、施工和运行。一方面,长期的工程实践表明,自控专业人员难以理解暖通空调的自动控制要求,难以依据其自控要求正确建立编程所必需的自动控制模型,设计建成的自动控制系统往往调试不成功或运行不良。另一方面,建环专业人员虽然掌握了暖通空调理论,有一定的工程实践经验,也学习了自动控制原理等基础理论,能够正确地提出控制要求,甚至提出实现控制要求的逻辑图,但仍然很难帮助自控专业人员成功完成暖通空调的自控设计。这里的关键是在实践中针对具体的暖通空调工程系统,建立用于编程的自动控制模型(简称"自控模型")。综合分析暖通空调工程系统的特点和建环、自控两个专业的知识能力结构可知,建环专业人员更有能力建立自控模型,但在建环专业的学习中,建环专业人员往往止于一般的自动控制基础理论的学习,没有达到掌握建立暖通空调系统自控模型的方法并加以实践的深度;在工程实践中,只有极少数建环专业工程师努力向这一深度发展。自控模型的建立成为建环与自控两个专业协调配合的契机,是实现暖通空调工程系统自动控制的关键,需要建环专业人员完成。

　　本书作者吴敏,毕业于原重庆建筑工程学院(现重庆大学)暖通专业,先后在重庆通用机器厂透平制冷机研究所从事制冷机研究、重庆市设计院从事暖通空调设计,随后长期在重庆太和空调自控公司从事暖通空调自控系统设计。吴敏在完成四川西昌卫星发射塔架、整流罩及精密恒温恒湿空调及制冷自控系统设计,云南昆明卷烟厂空调、冷站、真空及空压站、燃气锅炉房系统自控设计等实际工程时进行研究、开发,形成了建立暖通空调自控模型的方法,并成功用于众多实际工程。他在本书中依据暖通空调控制理论,结合自己在暖通空调工程自动控制设计方面的成功经验,针对恒温恒湿空调系统、通风系统、冷站系统、工业锅炉房系统、换热站系统等详细讲述了方法、步骤,提出了相关计算公式,提供了工程实例。其大量的工程实践经验与扎实的理论功底,使本书中建立自控模型的方法、步骤清晰、简明,易于读者理解,便于直接应用于工程实际。

　　建环专业人员可学习、参考、借鉴书中建模方法与案例,将本书作为与自控专业进行专业配合的工具,能够建立具体工程的暖通空调系统自控模型,组织指导程序员编程,与自控专业人员一起完成自控系统的设计、施工、调试和运行。这有助于弥补建环专业领域长久以来的不足,实现自控模型建立的自动化。建环专业的教师和学生可将本书作为辅助材料,开展"自动控制"课程的教与学。自控专业人员也可借助本书,准确理解暖通空调系统自控的要求,编制自控程序、设计自控系统。总之,本书能在暖通空调自控工程中发挥重要作用。

　　感谢编者对暖通空调自控工程做出的贡献。

付祥钊

2022 年 11 月

前　言

目前,国内外出版的暖通自动控制相关书籍叙述热工测量及热工仪表(传感器、执行器、控制器等)原理、论述暖通控制原理的内容多,却十分缺乏对相关控制模型的阐述。从事自控专业的人都明白:控制的关键在于提出适当的控制模型,供编程人员编程。

本书应用暖通控制模型基本原理与经典控制理论中串级调节、分程调节、最大值/最小值选择调节、非线性转化为线性调节原理,结合供热、通风、空调、制冷、锅炉、流体机械理论等,给出工业及实验室恒温恒湿空调系统控制模型、实验室通风系统控制模型、冷站系统控制模型、工业锅炉房系统控制模型、换热站系统控制模型,并给出了部分工程实例。在附录一提出了变流量下冷水旁通电动调节阀口径的计算公式,在附录二提出了冷却塔冷却水定流量及变流量下冷却水出水温度动态设定值的计算公式。

本书由中国人民解放军勤务学院教授吴祥生主审,本书的文字录入和绘图由重庆太和空调自控有限公司吴丽容、邱秀丽、梁甜、张亮完成;本书在编写过程中,得到重庆太和空调自控有限公司总经理耿勇的大力支持和帮助,在此一并致以谢意。本书可供暖通自控专业技术人员及高等院校建筑环境与能源应用工程专业的师生参考。

编　者

2022 年 11 月

目　录

第1章
工业空调系统控制模型

1.1 暖通控制模型基本原理与动态分区理论

1.1.1 暖通控制模型基本原理

1.暖通控制模型的建立

通过暖通控制工程长期实践可以知道,如调节阀的阀位(K)与变频器的频率(f)等均和被调参数设定值与测量值的偏差(e)为线性函数或分段线性函数关系(曲线由分段线性函数图像近似表示)。由此可见线性函数为暖通控制工程的基础。如果在供热、通风、空调、制冷、流体机械理论中设定调节机构参数(y)和被调参数设定值与测量值的偏差(x)为线性函数关系,再找出2个特征点$[(x_1,y_1),(x_2,y_2)]$(两点决定一条直线),则可确定调节机构参数(y)(如阀位、频率等)和被调参数设定值与测量值的偏差(x)的线性函数为$\frac{y-y_1}{x-x_1}=\frac{y_2-y_1}{x_2-x_1}$。暖通控制模型(线性函数或分段线性函数法)适用于暖通控制的稳态过程,不适用于暂态过程。暖通控制的应用中,稳态过程占绝大多数,将暖通控制模型应用于空调、通风设备、制冷站、工业锅炉房、换热站,可得出对应的稳态控制模型。暖通控制的应用中,暂态过程应用极少(暂态过程应该建立微分方程,由初始条件/边界条件、拉普拉斯变换及反变换求微分方程暂态解及稳态解),本书仅讨论稳态控制模型。

2.暖通控制模型信号变换

暖通控制模型为连续信号,由于采用数字控制器,连续信号需要用等时间间隔的闭合的理想采样开关(数学上,当采样器精度高时,可将采样器+＊A/D(模/数)转换器看作理想采样开关)来实现采样过程。采样过程中的载波函数为单位脉冲序列函数$\delta_T(t)$,它由采样时刻定义的脉冲函数累加得到。

$$\delta_T(t) = \sum_{n=0}^{\infty} \delta(t - nT)$$

其中 $\delta(t-nT)$ 是出现在时刻 $t=nT$ 时、强度为 1 的单位脉冲，T 是采样周期。

对于采样信号 $e^*(t) = e(t)\delta_T(t)$，有

$$e^*(t) = e(t) \sum_{n=0}^{\infty} \delta(t - nT)$$

由于连续信号 $e(t)$ 的数值仅在采样瞬时才有意义，所以上式又可以表示为

$$e^*(t) = \sum_{n=0}^{\infty} e(nT)\delta(t - nT)$$

采样信号频率 $f_s = \dfrac{1}{T}$，

采样信号角频率 $\omega_s = \dfrac{2\pi}{T} = 2\pi f_s$。

理论上采样信号角频率应满足香农采样定理：如果连续信号 $e(t)$ 具有有限频谱，其最高角频率为 ω_{max}，则对 $e(t)$ 进行周期采样且采样角频率 $\omega_s > 2\omega_{max}$ 时，可以通过 $e^*(t)$ 无失真地恢复出连续信号 $e(t)$。

信号采样周期为信号采样的间隔时间(s)，暖通控制过程中信号采样周期 T 的选择(工程经验)见表 1.1。采样周期与时间常数有关，时间常数代表被控对象惯性大小：被控对象惯性大(小)，时间常数大(小)，采样周期长(短)。

表 1.1　采样周期的选择(工程经验)

控制过程	采样周期 T/s
流量	1～5
压力	3～10
液位	6～9
温度/相对湿度	15～20
成分	20

执行机构连续信号：数字控制器的输出由 *D/A(数/模)转换器[数学上，D/A 精度高时，D/A 可看作 ZOH(零阶保持器)]把数字信号转换为连续信号，输出给执行机构，实现被控对象的自控。由采样过程知，在采样时刻，连续信号的函数值与脉冲序列的脉冲强度相等。

在 nT 时刻，有 $e(t) = e(nT) = e^*(nT)$；

而在 $(n+1)T$ 时刻，则有 $e(t) = e[(n+1)T] = e^*[(n+1)T]$；

若采用零阶保持器，则 $e^*(nT) = e(nT) = e(nT+\Delta t)$，$0 \leq \Delta t < T$。

上式说明，零阶保持器是一种按常值外推的保持器，它把前一采样时刻 nT 的采样值 $e(nT)$[因为在各采样点上，$e^*(nT) = e(nT)$]保持到下一采样时刻 $(n+1)T$ 到来之前，从而使采样信号 $e^*(t)$ 变成阶梯信号 $e_h(t)$，这样便实现了由离散信号转换为连续信号。

*A/D 转换器：把连续信号转换成离散信号。

a. 采样——使连续信号 $e(t)$ 每隔 T 秒进行一次采样,得到时间离散的模拟信号 $e^*(t)$。

b. 编码——用一组二进制的数码来逼近时间离散的模拟信号的幅值,将其转换为数字量。

*D/A 转换器:把离散的数字信号转换成连续的模拟信号,包括解码与复现两个过程。

*时间常数:被调参数以初始最大上升(或下降)速度变化到新稳值所需要的时间。时间常数代表被控对象惯性大小。

1.1.2　空调动态分区理论

1977 年苏联"暖通空调设计师手册"提出空调静态分区理论(12 个焓湿图分区),给出一个空调静态分区对应的被控量与执行机构调节表,此表仅能定性说明被控量与执行机构的控制情况,没有定量给出被控量与执行机构的控制模型。空调动态分区理论(3 个焓湿图分区)应用暖通控制模型、经典控制理论中的串级调节、分程调节、最大值/最小值选择调节、非线性转化为线性调节原理,结合空调、制冷、流体机械理论,定量给出空调动态分区对应的被控量与执行机构稳态控制模型。

1.2　一次回风恒温恒湿空调系统全年多工况(动态分区)控制模型

1.2.1　一次回风恒温恒湿空调系统组成

一次回风空调系统如图 1.1 所示(图 1.1 见本节后附图)。

一次回风恒温恒湿空调系统由回风机段(带初效过滤器),新风蒸汽预热段(带初效过滤器),新、回、排风段,滤筒过滤段(水洗滤筒),中间段,表冷挡水段,中间段,蒸汽加热段,蒸汽加湿段,高压微雾加湿段,送风机段组成。设置有新风、混风、表冷器后、送/回风、室内温湿度传感器,新风预热后温度传感器,汽加热器后低温报警开关,初效过滤器压差传感器,滤筒过滤器压差传感器,室内压差传感器,送回风机压差开关;预热阀,冷水阀,蒸汽加热阀,蒸汽加湿阀,高压微雾加湿器加湿阀,送回风机变频器,新、回、排风电动调节风阀,送回风防火阀(带电信号输出),触摸屏,PLC 控制器。

1.2.2　控制方法改进

以前,仅由室内温湿度测量值与设定值的偏差信号来控制冷水阀、加热阀、加湿阀开度。由于房间围护结构的热惰性对室内温度有延迟作用,故出现外部或内部温度扰动时,调节机构不能及时调节冷/热量,室内温度控制精度差。现在由于实行了动态分区,用室内温湿度测量值与设定值的偏差信号来动态设定送风温湿度的设定值,再用送风温湿度测量值与设定值的偏差信号来控制冷水阀、加热阀、加湿阀开度,因此在出现外部或内部温度扰动时,调节机构能及时调节冷/热量,室内温度控制精度得到改善。由自控理论可知:时滞小的被调参数对应的调节机构采用 PI(比例积分)控制,时滞大的被调参数对应的调节机构采用 PID(比例积分微分)控制。

1.2.3　控制目标

实现房间温湿度恒定,在满足卫生要求的最小新风量和工艺排风量下尽可能节能运行。

1.2.4 控制对象及方法

1. 阀门控制

采用如图 1.2 所示的动态分区图来控制预热阀、冷水阀、加热阀、蒸汽加湿阀、高压微雾加湿器加湿阀。

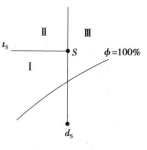

图 1.2 动态分区图

2. 动态分区图说明

在焓湿图上过送风状态点 S 作等温线和等湿线,将其作为分区界线,将焓湿图分为 3 个区:

Ⅰ区(加热加湿):$d_C \leqslant d_S, t_C \leqslant t_S$($d_C, t_C$ 分别为混合点的绝对含湿量和温度)。

Ⅱ区(冷却加湿):$d_C \leqslant d_S, t_C > t_S$。

Ⅲ区(冷却除湿再热):$d_C > d_S$。

3. 控制方法

1)Ⅰ区(加热加湿)

(1)加热控制

由冬季室内温度设定值与测量值的偏差信号推算出冬季送风温度的动态设定值,由冬季送风温度测量值与动态设定值的偏差信号来控制加热阀开度,实现对房间的恒温控制。

设偏差 $e = t_{No} - t_N; e(k) = t_{No} - t_N(k), k = 0, 1, 2, \cdots, n; t_N(k) = t_{No};$

$e = 0, t_S = t_{So}; \quad 0 < e < (t_{No} - t_{Wo}), t_S = t_{So} + \dfrac{(t_{S \max} - t_{So})}{t_{No} - t_{Wo}}; t_{No} - t_{Wo} \leqslant e, t_S = t_{S \max}。$

上述分段曲线即 $t_S(k) = f[e(k)]$。

(图 1.3 为 t_S 与 e 的关系图)

上式中:t_N——冬季房间温度测量值,℃;

t_{No}——冬季房间温度设定值,℃;

t_S——冬季送风温度动态设定值,℃;

t_{So}——冬季送风温度设定值,℃;

t_{Wo}——冬季室外温度设定值,℃;

$t_{S \max}$——冬季送风温度最大值,℃;

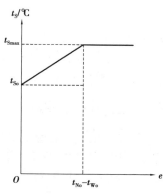

图 1.3 t_S 与 e 的关系图

设偏差 $e' = t_S' - t_S; e'(k) = t_{S'}(k) - t_S(k), k = 0, 1, 2, \cdots, n;$

$e' \leqslant -t_{So}, K_I = 1; -t_{So} < e' < 0, K_I = -\dfrac{1}{t_{So}} e'; 0 \leqslant e', K_I = 0。$

上述分段曲线即 $K_I(k) = f[e'(k)]$。

(图 1.3 是 K_I 与 e' 的关系图)

上式中:K_I——加热阀开度动态设定值,%;

t_S'——冬季送风温度测量值,℃。

设偏差 $E = K_I - K,$

即 $E(k) = K_I(k) - K(k), k = 0, 1, 2, \cdots, n。$

式中:K——加热阀开度测量值,%。

对加热阀开度增量 ΔK:

$\Delta K(k)=AE(k)+BE(k-1)$,$k=0,1,2,\cdots,n$。

其中:$A=K_p+K_I$,$B=-K_p$,

式中:K_I——积分系数,$K_I=K_pT/T_I$,T 为时间常数(采样时间);

K_p——比例系数,$K_p=\dfrac{1}{\delta}$,δ 为比例带;

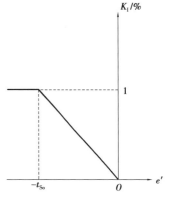

图 1.4 K_I 与 e' 的关系图

T,δ,T_I 可取经验值:$T=3\sim10$ s,$\delta=30\%\sim70\%$,$T_I=0.4\sim3$ min。

$E(k-1)=K_I(k)-K(k-1)$,$k=0,1,2,\cdots,n$。

(2)加湿控制

由冬季室内绝对含湿量设定值与测量值的偏差信号推算出冬季送风绝对含湿量动态设定值,由冬季送风绝对含湿量测量值与动态设定值的偏差信号来控制蒸汽加湿阀开度,实现对房间的恒湿控制。

设偏差 $e=d_{No}-d_N$;$e(k)=d_{No}-d_N(k)$,$k=0,1,2,\cdots,n$;

$d_N(k)=d_{No}$;

$e=0$,$d_S=d_{So}$;

$0<e\leq d_{No}-d_{Wo}$,$d_S=d_{So}+\dfrac{d_{S\max}-d_{So}}{d_{No}-d_{Wo}}e$;$e>d_{No}-d_{Wo}$,$d_S=d_{S\max}$。

上述分段曲线即 $d_S(k)=f[e(k)]$。

(图 1.5 是 d_S 与 e 的关系图)

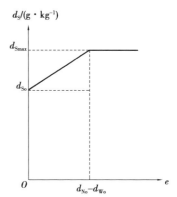

图 1.5 d_S 与 e 的关系图

上式中:d_N——冬季房间绝对含湿量测量值,g/kg;

d_{No}——冬季房间绝对含湿量设定值,g/kg;

d_S——冬季送风绝对含湿量动态设定值,g/kg;

d_{So}——冬季送风绝对含湿量设定值,g/kg;

d_{Wo}——冬季室外绝对含湿量设定值,g/kg;

$d_{S\max}$——冬季送风绝对含湿量最大值,g/kg。

设偏差 $e'=d'_S-d_S$;$e'(k)=d'_S(k)-d_S(k)$,$k=0,1,2,\cdots,n$;

$e'\leq-d_{So}$,$K_{II}=1$;$-d_{So}<e'e<0$,$K_{II}=-\dfrac{1}{d_{So}}e'$;$0\leq e'$,$K_{II}=0$。

上述分段曲线即 $K_{II}(k)=f[e'(k)]$。

(图 1.6 是 K_{II} 与 e' 的关系图)

上式中:K_{II}——蒸汽加湿阀开度动态设定值,%;

d'_S——冬季送风绝对含湿量测量值,g/kg。

设偏差 $E=K_{II}-K$;$E(k)=K_{II}(k)-K(k)$,$k=0,1,2,\cdots,n$。

上式中:K——蒸汽加湿阀开度测量值,%。

对蒸汽加湿阀开度增量 ΔK:

$\Delta K(k)=AE(k)+BE(k-1)$,$k=0,1,2,\cdots,n$。

其中:$A=K_p+K_I$,$B=-K_p$;

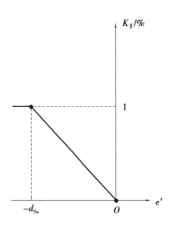

图 1.6 K_{II} 与 e' 的关系图

式中:K_I——积分系数,$K_I = K_p T/T_I$,T 为时间常数;

K_p——比例系数,$K_p = \dfrac{1}{\delta}$,δ 为比例带;

T,δ,T_I 可取经验值:$T = 3 \sim 10$ s,$\delta = 30\% \sim 70\%$,积分时间 $T_I = 0.4 \sim 3$ min。

$E(k-1) = K_{II}(k) - K(k-1)$,$k = 0,1,2,\cdots,n$。

2)Ⅱ区(冷却加湿)

(1)冷却控制

由夏季室内温度测量值与设定值的偏差信号推算出夏季送风温度动态设定值,由夏季送风温度测量值与动态设定值的偏差信号来控制冷水阀(7 ℃冷水)开度,实现对房间的恒温控制。

设偏差 $e = t_N - t_{No}$;$e(k) = t_N(k) - t_{No}$,$k = 0,1,2,\cdots,n$;$t_N = t_{No}$;

$e = 0$,$t_S = t_{So}$;$0 < e < t_{No} - t_{So}$,$t_S = t_{So} - \dfrac{t_{So} - t_{S\min}}{t_{Wo} - t_{No}} e$;$t_{Wo} - t_{No} \leq e$,$t_S = t_{S\min}$。

上述分段曲线即 $t_S(k) = f[e(k)]$。

(图 1.7 是 t_S 与 e 的关系图)

上式中:t_N——夏季房间温度测量值,℃;

t_{No}——夏季房间温度设定值,℃;

t_S——夏季送风温度动态设定值,℃;

t_{So}——夏季送风温度设定值,℃;

t_{Wo}——夏季室外温度设定值,℃;

$t_{S\min}$——夏季送风温度最小值,℃。

设偏差 $e' = t_S' - t_S$;$e'(k) = t_S'(k) - t_S(k)$,$k = 0,1,2,\cdots,n$;

$e' \leq 0$,$K_{III} = 0$;$0 < e' < t_{No} - t_{So}$,$K_{III} = \dfrac{1}{t_{No} - t_{So}} e'$;$t_{No} - t_{So} \leq e'$,

$K_{III} = 1$。

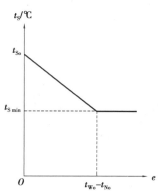

图 1.7　t_S 与 e 的关系图

上述分段曲线即 $K_{III} = f[e'(k)]$。

(图 1.8 是 K_{III} 与 e' 的关系图)

上式中:K_{III}——冷水阀开度动态设定值,%;

t_S'——夏季送风温度测量值,℃。

设偏差 $E = K_{III} - K$;$E(k) = K_{III}(k) - K(k)$,$k = 0,1,2,\cdots,n$。

式中:K——冷水阀开度测量值,%。

对冷水阀开度增量 ΔK:

$\Delta K(k) = AE(k) + BE(k-1)$,$k = 0,1,2,\cdots,n$。

其中:$A = K_p + K_I$,$B = -K_p$;

式中:K_I——积分系数,$K_I = K_p T/T_I$,T 为时间常数;

K_p——比例系数,$K_p = \dfrac{1}{\delta}$,δ 为比例带;

T,δ,T_I 可取经验值:$T = 3 \sim 10$ s,$\delta = 30\% \sim 70\%$,积分时间 $T_I = 0.4 \sim 3$ min。

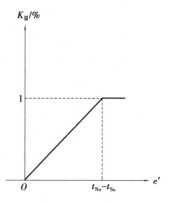

图 1.8　K_{III} 与 e' 的关系图

$E(k-1)=K_{\mathrm{II}}(k)-K(k-1)$，$k=0,1,2,\cdots,n$。

（2）加湿控制

由夏季室内绝对含湿量设定值与测量值的偏差信号推算出夏季送风绝对含湿量动态设定值，由夏季送风绝对含湿量测量值与动态设定值的偏差信号来控制蒸汽加湿阀/高压微雾加湿器加湿阀开度，实现房间恒湿控制（先用高压微雾加湿器加湿阀，若不足，再同时用高压微雾加湿器加湿阀和蒸汽加湿阀）。

设偏差 $e=d_{\mathrm{No}}-d_{\mathrm{N}}$；$e(k)=d_{\mathrm{No}}-d_{\mathrm{N}}(k)$，$k=0,1,2,\cdots,n$；$d_{\mathrm{N}}(k)=d_{\mathrm{No}}$；

$e=0$，$d_{\mathrm{S}}=d_{\mathrm{So}}$；$0<e<d_{\mathrm{No}}-d_{\mathrm{Wo}}$，$d_{\mathrm{S}}=d_{\mathrm{So}}+\dfrac{d_{\mathrm{S\,max}}-d_{\mathrm{So}}}{d_{\mathrm{No}}-d_{\mathrm{Wo}}}e$；$d_{\mathrm{No}}-d_{\mathrm{Wo}}\leqslant e$，$d_{\mathrm{S}}=d_{\mathrm{S\,max}}$。

上述分段曲线即 $d_{\mathrm{S}}(k)=f[e(k)]$。

（图 1.9 是 d_{S} 与 e 的关系图）

上式中：d_{N}——夏季房间绝对含湿量测量值，g/kg；

$\quad\quad d_{\mathrm{No}}$——夏季房间绝对含湿量设定值，g/kg；

$\quad\quad d_{\mathrm{S}}$——夏季送风绝对含湿量动态设定值，g/kg；

$\quad\quad d_{\mathrm{So}}$——夏季送风绝对含湿量设定值，g/kg；

$\quad\quad d_{\mathrm{Wo}}$——夏季室外绝对含湿量设定值，g/kg；

$\quad\quad d_{\mathrm{S\,max}}$——夏季送风绝对含湿量最大值，g/kg。

设偏差 $e'=d'_{\mathrm{S}}-d_{\mathrm{S}}$；$e'(k)=d'_{\mathrm{S}}(k)-d_{\mathrm{S}}(k)$，$k=0,1,2,\cdots,n$；

$e'\leqslant-d_{\mathrm{So}}$，$K_{\mathrm{II}}=1$ 或 $U_{\mathrm{I}}=1$；$-d_{\mathrm{So}}<e'<0$，$K_{\mathrm{II}}=\left(-\dfrac{1}{d_{\mathrm{So}}}e'\right)$ 或 $U_{\mathrm{I}}=$

$-\dfrac{1}{d_{\mathrm{So}}}e'$；$0\leqslant e'$，$K_{\mathrm{II}}=0$ 或 $U_{\mathrm{I}}=0$。

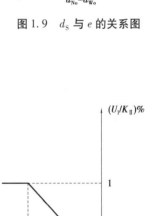

图 1.9 d_{S} 与 e 的关系图

上述分段曲线即 $K_{\mathrm{II}}(k)=f[e'(k)]$ 或 $U_{\mathrm{I}}(k)=f[e'(k)]$。

（图 1.10 是 $K_{\mathrm{II}}/U_{\mathrm{I}}$ 与 e' 的关系图）

上式中：K_{II}——蒸汽加湿阀开度动态设定值，%；

$\quad\quad U_{\mathrm{I}}$——高压微雾加湿器加湿阀开度动态设定值，%；

$\quad\quad d_{\mathrm{S'}}$——夏季送风绝对含湿量测量值，g/kg。

设偏差 $E=K_{\mathrm{II}}-K$ 或 $E=U_{\mathrm{I}}-U$，即 $E(k)=K_{\mathrm{II}}(k)-K(k)$ 或 $E(k)=U_{\mathrm{I}}(k)-U(k)$，$k=0,1,2,\cdots,n$。

式中：K——蒸汽加湿阀开度测量值，%；

$\quad\quad U$——高压微雾加湿器加湿阀开度测量值，%。

蒸汽加湿阀开度增量 ΔK/高压微雾加湿器加湿阀开度增量 ΔU：

$\Delta K(k)=AE(k)+BE(k-1)$ 或 $\Delta U(k)=AE(k)+BE(k-1)$，$k=0,1,2,\cdots,n$。

其中：$A=K_{\mathrm{p}}+K_{\mathrm{I}}$，$B=-K_{\mathrm{p}}$。

式中：K_{I}——积分系数，$K_{\mathrm{I}}=K_{\mathrm{p}}T/T_{\mathrm{I}}$，$T$ 为时间常数；

$\quad\quad K_{\mathrm{p}}$——比例系数，$K_{\mathrm{p}}=\dfrac{1}{\delta}$，$\delta$ 为比例带；

T,δ,T_I 可取经验值: $T=3\sim10$ s, $\delta=30\%\sim70\%$,积分时间 $T_I=0.4\sim3$ min。

$E(k-1)=K_{II}(k)-K(k-1)$ 或 $E(k-1)=U_I(k)-U(k-1)$, $k=0,1,2,\cdots,n$。

3)Ⅲ区(冷却除湿再热)

(1)冷却除湿控制

由夏季室内温度测量值与设定值的偏差信号推算出夏季送风温度动态设定值,由夏季送风温度动态设定值与测量值的偏差信号来计算冷水阀(7 ℃冷水)开度。

由夏季室内绝对含湿量测量值与设定值的偏差信号推算出夏季送风绝对含湿量动态设定值,由夏季送风绝对含湿量动态设定值与测量值的偏差信号来计算冷水阀(7 ℃冷水)开度。

选择上述两个冷水阀开度中的大者作为冷水阀开度动态设定值,再根据冷水阀开度测量值与动态设定值的偏差信号来控制冷水阀,实现对房间的恒温恒湿控制。

a. 冷却降温控制。

同Ⅱ区冷却控制,可推算出 1 个冷水阀开度 K_{III}^1。

b. 冷却除湿控制。

设偏差 $e=d_N-d_{No}$; $e(k)=d_N(k)-d_{No}$, $k=0,1,2,\cdots,n$; $d_N=d_{No}$;

$e=0,d_S=d_{So}$;$0<e<d_{Wo}-d_{No}$, $d_S=d_{So}-\dfrac{d_{So}-d_{s\,min}}{d_{Wo}-d_{No}}e$;$d_{Wo}-d_{No}\leq e,d_S=d_{S\,min}$。

上述分段曲线即 $d_S(k)=f[e(k)]$。

(图 1.11 是 d_S 与 e 的关系图)

上式中:d_N——夏季房间绝对含湿量测量值,g/kg;

$\quad\quad d_{No}$——夏季房间绝对含湿量设定值,g/kg;

$\quad\quad d_S$——夏季送风绝对含湿量动态设定值,g/kg;

$\quad\quad d_{So}$——夏季送风绝对含湿量设定值,g/kg;

$\quad\quad d_{Wo}$——夏季室外绝对含湿量设定值,g/kg;

$\quad\quad d_{s\,min}$——夏季送风绝对含湿量最小值,g/kg。

设偏差 $e'=d_S'-d_S$; $e'(k)=d_S'(k)-d_S(k)$, $k=0,1,2,\cdots,n$;

$e'\leq0,K_{III}''=0$;$0<e<d_{No}-d_{So}$, $K_{III}''=\dfrac{1}{d_{No}-d_{So}}e'$;$d_{No}-d_{So}\leq e'$,

$K_{III}''=1$。

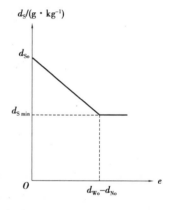

图 1.11　d_S 与 e 的关系图

上述分段曲线即 $K_{III}''=f[e'(k)]$。

(图 1.12 是 K_{III}'' 与 e' 的关系图)

即冷却除湿控制推算出的一个冷水阀开度 K_{III}'',比较 K_{III}' 与 K_{III}'',选择大者作为 K_{III}。

上式中:K_{III}''——冷水阀开度动态设定值,%;

$\quad\quad d_S'$——夏季送风绝对含湿量测量值,g/kg。

设偏差 $E=K_{III}-K$,即 $E(k)=K_{III}(k)-K(k)$, $k=0,1,2,\cdots,n$。

式中:K——冷水阀开度测量值,%。

冷水阀开度增量 ΔK：

$\Delta K(k) = AE(k) + BE(k-1)$，$k = 0,1,2,\cdots,n$。

其中：$A = K_P + K_I$，$B = -K_P$；

式中：K_I——积分系数，$K_I = k_p T/T_I$，T 为时间常数；

K_P——比例系数，$K_P = \dfrac{1}{\delta}$，δ 为比例带；

T,δ,T_I 可取经验值：$T = 3 \sim 10$ s，$\delta = 30\% \sim 70\%$，积分时间 $T_I = 0.4 \sim 3$ min。

$E(k-1) = K_{III}(k) - K(k-1)$，$k = 0,1,2,\cdots,n$。

（2）再热控制

由夏季室内温度设定值与测量值的偏差信号推算夏季送

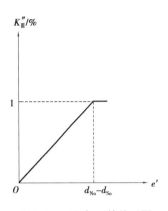

图 1.12　K_{III}'' 与 e' 的关系图

风温度动态设定值，由夏季送风温度测量值与动态设定值的偏差信号控制加热阀开度，实现对房间恒温控制。仅在进行冷却除湿、送风温度测量值低于送风温度动态设定值时才进行再热控制，进行冷却降温时不进行再热控制。因此变露点调节可节省部分再热电耗（与定露点调节相比），这就是变露点调节优于定露点调节的原因。

设偏差 $e = t_{No} - t_N$；$e(k) = t_{No} - t_N(k)$，$k = 0,1,2,\cdots,n$；$t_N(k) = t_{No}$。

$e = 0$，$t_S = t_{So}$；$0 < e < t_{No} - t_{Wo}$，$t_S = t_{So} + \dfrac{t_{S\max} - t_{So}}{t_{No} - t_{Wo}}$；$t_{No} - t_{Wo} \leqslant e$，$t_S = t_{S\max}$。

上述分段曲线即 $t_S(k) = f[e(k)]$。

（图 1.13 是 t_S 与 e 的关系图）

上式中：t_N——夏季房间温度测量值，℃；

t_{No}——夏季房间温度设定值，℃；

t_S——夏季送风温度动态设定值，℃；

t_{So}——夏季送风温度设定值，℃；

t_{Wo}——夏季室外温度设定值，℃；

$t_{S\max}$——夏季送风温度最大值，℃。

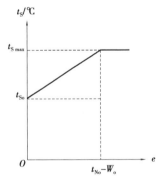

图 1.13　t_S 与 e 的关系图

设偏差 $e' = t_S' - t_S$；$e'(k) = t_S'(k) - t_S(k)$，$k = 0,1,2,\cdots,n$；

$e' \leqslant -t_{So}$，$K_I = 1$；$-t_{So} < e' < 0$，$K_I = -\dfrac{1}{t_{So}} e'$；$0 \leqslant e'$，$K_I = 0$。

上述分段曲线即 $K_I(k) = f[e'(k)]$。

（图 1.14 是 K_I 与 e' 的关系图）

上式中：K_I——加热阀开度动态设定值，%；

t_S'——夏季送风温度测量值，℃。

设偏差 $E = K_I - K$；$E(k) = K_I(k) - K(k)$，$k = 0,1,2,\cdots,n$。

式中：K——加热阀开度测量值，%。

对加热阀开度增量 ΔK：

$\Delta K(k) = AE(k) + BE(k-1)$，$k = 0,1,2,\cdots,n$。

其中：$A = K_P + K_I$，$B = -K_P$；

式中：K_I——积分系数，$K_I = K_P T/T_I$，T 为时间常数；

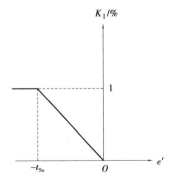

图 1.14　K_I 与 e' 的关系图

K_P——比例系数，$K_P = \dfrac{1}{\delta}$，δ 为比例带；

T,δ,T_I 可取经验值：$T=3\sim10$ s，$\delta=30\%\sim70\%$，积分时间 $T_I=0.4\sim3$ min；

$E(k-1)=K_I(k)-K(k-1)$，$k=0,1,2,\cdots,n$。

4）新、回、排风阀控制

采用冬季、冬季过渡季、夏季过渡季、夏季室外温度与室内温度设定值的偏差来控制新、回、排风阀开度。

（1）新风阀控制

设偏差 $e=t-t_{No}$；$e(k)=t(k)-t_{No}$，$k=0,1,2,\cdots,n$；

$e\leqslant t'_{Wd}-t_{No}$，$K_X=m$；$t'_{Wd}-t_{No}<e<t_{Lo}-t_{No}$；$K_X=\dfrac{1-m}{t_{Lo}-t'_{Wd}}e-\dfrac{(1-m)(t'_{Wd}-t_{No})}{t_{Lo}-t'_{Wd}}+m$；

$t_{Lo}-t_{No}\leqslant e\leqslant0$，$K_X=1$；$0<e$，$K_X=m$。

上述分段曲线即 $K_X(k)=f[e(K)]$。

（图 1.15 是 K_X 与 e 的关系图）

上式中：K_X——新风阀开度动态设定值，%；

t_{No}——夏季室内温度设定值，℃；

t——室外温度测量 值，℃；

t_{Lo}——夏季表冷器后温度设定值，℃；

m——新风阀开度最小值，%；

t_{So}——夏季送风温度设定值，℃；

t'_{Wd}——新风预热后温度设定值，℃。

由空调理论知：$t'_{Wd}=t_{No}-\dfrac{t_{No}-t_{So}}{G_x/G}$。

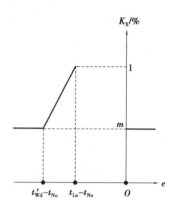

图 1.15 K_X 与 e 的关系图

（注：G_x/G 为新风风量与送风风量之比）

设偏差 $E=K_X-K_{X'}$；$E(k)=K_X(k)-K_{X'}(k)$，$k=0,1,2,\cdots,n$。

上式中：$K_{X'}$——新风阀开度测量值，%。

新风阀开度增量 $\Delta K_X(k)=AE(k)+BE(k-1)$，$k=0,1,2,\cdots,n$。

其中：$A=K_P+K_I$，$B=-K_P$；

式中：K_P——比例系数，$K_P=\dfrac{1}{\delta}$，δ 为比例带；

K_I——积分系数，$K_I=K_PT/T_I$，T 为时间常数；

T,δ,T_I 可取经验值：$T=15\sim20$ s，$\delta=20\%\sim60\%$，积分时间 $T_I=3\sim10$ min。

$E(k-1)=K_X(k)-K_X'(k-1)$，$k=0,1,2,\cdots,n$。

（2）回风阀控制

由回风阀开度（%）+新风阀开度（%）=100（%）得，

回风阀开度（%）=100（%）-新风阀开度（%）。

回风阀开度增量 $\Delta K_h(k)=-\Delta K_X(k)$，$k=0,1,2,\cdots,n$。

（3）排风阀控制

由排风阀开度（％）+回风阀开度（％）=100（％）得，

排风阀开度（％）=100（％）-回风阀开度（％）。

排风阀开度增量 $\Delta K_P(k) = -\Delta K_h(k)$，$k = 0,1,2,\cdots,n$。

综上所述，新风阀控制方法为：

冬季（供蒸汽）：室外温度 $t \leqslant t'_{Wd}$，$K_X = m$；

冬季过渡季（供蒸汽）：$t'_{Wd} < t < t_{Lo}$，$K_X = \dfrac{1-m}{t_{Lo}-t'_{Wd}}e - \dfrac{(1-m)(t'_{Wd}-t_{No})}{t_{Lo}-t'_{Wd}} + m$；

夏季过渡季（供冷水、供蒸汽）：$t_{Lo} \leqslant t \leqslant t_{No}$，$K_X = 1$；

夏季（供冷水、供蒸汽）：$t_{No} < t$，$K_X = m$。

5）预热阀控制（冬季寒冷地区选用）

新风预热器设置在新风管上新风阀后，新风预热器后设置一个新风温度传感器测量新风预热后的温度。新风温度 $t < t'_{Wd}$，需根据室外温度 t 与新风预热温度设定值 t'_{Wd} 的偏差信号控制新风预热阀，实现新风预热控制。

设偏差 $e = t - t'_{Wd}$；$e(k) = t(k) - t'_{Wd}$，$k = 0,1,2,\cdots,n$；

$e \leqslant t_{Wd} - t'_{Wd}$，$K_r = 1$；$t_{Wd} - t'_{Wd} < e < 0$，$K_r = \dfrac{1}{t_{Wd}-t'_{Wd}}e$；$e \geqslant 0$，$K_r = 0$。

上述分段曲线即 $K_r(k) = f[e(K)]$。

（图 1.16 是 K_r 与 e 的关系图）

设偏差 $E = K_r - K'_r$；$E(k) = K_r(k) - K'_r(k)$，$k = 0,1,2,\cdots,n$。

上式中：K'_r——预热阀开度测量值，％；

$\quad\quad\ K_r$——预热阀开度动态设定值，％。

预热阀开度增量 $\Delta K_r(k) = AE(k) + BE(k-1)$，$k = 0,1,2,\cdots,n$。

其中：$A = K_P + K_I$，$B = -K_P$；

式中：K_P——比例系数，$K_P = \dfrac{1}{\delta}$，δ 为比例带；

$\quad\quad\ K_I$——积分系数，$K_I = K_P T/T_I$，T 为时间常数；

T,δ,T_I 可取经验值：$T = 15 \sim 20$ s，$\delta = 20\% \sim 60\%$，积分时间 $T_I = 3 \sim 10$ min。

$E(k-1) = K_r(k) - K'_r(k-1)$，$k = 0,1,2,\cdots,n$。

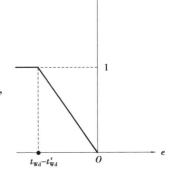

图 1.16 K_r 与 e 的关系图

6）送风机频率控制

用室内焓与送风焓之差测量值与设定值之差的偏差信号及送风机频率下限来控制送风机频率，实现对部分冷负荷变风量的节能控制。

设偏差 $e = (i_N - i_S) - (i_{No} - i_{So})$；$e(k) = [i_N(k) - i_S(k)] - (i_{No} - i_{So})$。

式中：i_N——室内空气焓测量值，kJ/kg；

$\quad\quad\ i_S$——送风空气焓测量值，kJ/kg；

$\quad\quad\ i_{No}$——夏季室内空气焓设定值，kJ/kg；

$\quad\quad\ i_{So}$——夏季送风空气焓设定值，kJ/kg。

$e<-(i_{No}-i_{So})$，$f=m$；$-(i_{No}-i_{So})\leqslant e\leqslant 0$，$f=\dfrac{50-m}{i_{No}-i_{So}}e+50$；$e>0$，$f=50$。

（m——送风机频率下限，对于三相异步电机变频，$m=35$ Hz，对于恒温恒湿房间，$m=40$ Hz。由上述可知，对恒温恒湿房间，可选择三相异步电机变频送风机。）

上述分段曲线即为 $f_1(k)=f[e(K)]$。

（图 1.17 是 f_1 与 e 的关系图）

设偏差 $E=f_1-f$；$E(k)=f_1(k)-f(k)$，$k=0,1,2,\cdots,n$。

式中：f——送风机频率测量值，Hz；

f_1——送风机频率动态设定值，Hz；

送风机频率增量 $\Delta f(k)=AE(k)+BE(k-1)$，$k=0,1,2,\cdots,n$。

其中：$A=K_P+K_I,B=-K_P$；

式中：K_I——积分系数 $K_I=K_P T/T_I$，T 为时间常数；

K_P——比例系数，$K_P=\dfrac{1}{\delta}$，δ 为比例带；

T,δ,T_I 可取经验值：$T=15\sim 20$ s，$\delta=20\%\sim 60\%$，积分时间 $T_I=3\sim 10$ min。

$E(k-1)=f_1(k)-f(k-1)$，$k=0,1,2,\cdots,n$。

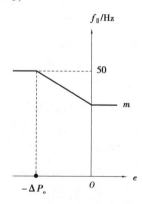

图 1.17　f_1 与 e 的关系图

7）回风机频率控制

用室内正压测量值与设定值的偏差信号及回风机频率下限来控制回风机频率，实现室内正压控制。

设偏差 $e=\Delta P-\Delta P_o$；$e(k)=\Delta P(k)-\Delta P_o$，$k=0,1,2,\cdots,n$。

式中：ΔP——房间正压测量值，P_a；

ΔP_o——房间正压设定值，P_a。（$\Delta P_o=5\sim 10$ P_a）

$e\leqslant-\Delta P_o$，$f_{II}=50$；$-\Delta P_o<e<0$，$f_{II}=\dfrac{(m-50)(e+\Delta P_o)}{\Delta P_o}+50$；$0\leqslant e$，$f_{II}=m$。

（m——回风机频率最小值，回风机选择三相异步电机，$m=35$ Hz。）

上述分段曲线即 $f_{II}(k)=f[e(k)]$。

（图 1.18 是 f_{II} 与 e 的关系图）

设偏差 $E(k)=f_{II}(k)-f(k)$，$k=0,1,2,\cdots,n$。

式中：f——回风机频率测量值，Hz；

f_{II}——回风机频率动态设定值，Hz。

回风机频率增量 $\Delta f(k)=AE(k)+BE(k-1)$，$k=0,1,2,\cdots,n$。

其中：$A=K_P+K_I,B=-K_P$；

式中：K_I——积分系数，$K_I=K_P T/T_I$，T 为时间常数；

K_P——比例系数，$K_P=\dfrac{1}{\delta}$，δ 为比例带；

T,δ,T_I 可取经验值：$T=3\sim 10$ s，$\delta=30\%\sim 70\%$，积分时间

图 1.18　f_{II} 与 e 的关系图

$T_{\mathrm{I}} = 0.4 \sim 3 \text{ min}$。

$E(k-1) = f_{\mathrm{II}}(k) - f(k-1), k = 0,1,2,\cdots,n$。

8）联锁控制

冬季：开机时送、回风机开，新、排风阀开，回风阀关，预热阀、加热阀、蒸汽加湿阀开。关机时先关预热阀、加热阀、蒸汽加湿阀，延时 3 min 后关送、回风机，关新、排风阀，开回风阀。

冬季过渡季：开机时送、回风机开，新、排风阀开，回风阀关，加热阀、蒸汽加湿阀开。关机时先关加热阀、蒸汽加湿阀，延时 3 min 后关送、回风机，关新、排风阀，开回风阀。

夏季过渡季：开机时送、回风机开，新、排风阀开，回风阀关，冷水阀、高压微雾加湿阀/蒸汽加湿阀开。关机时先关冷水阀、高压微雾加湿阀/蒸汽加湿阀，延时 3 min 后关送、回风机，关新、排风阀，开回风阀。

夏季：开机时送、回风机开，新、排风阀及回风阀关，冷水阀、加热阀开。关机时，先关冷水阀、加热阀，延时 3 min 后关送、回风机，关新、排风阀，开回风阀。

消防联锁：收到消防报警信号后立刻按各个季节关机联锁。

防冻联锁：防冻开关报警（+5 ℃）后，加热阀开度开至 1%。

1.2.5　增量型 PI 控制算法的程序流程图

如图 1.19 所示为增量型 PI 控制算法的程序流程图。

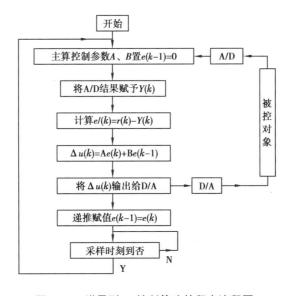

图 1.19　增量型 PI 控制算法的程序流程图

1.2.6　空气绝对含湿量

由空气干球温度 t、相对湿度 φ 推算空气绝对含湿量 d

空气绝对温度 $T = 273 + t(K)$

空气饱和水蒸气压强 $p_{\mathrm{b}} = 10^{30.590\,51 - 8.2\,\lg Tw + (2.480\,4 \times 10^{-3})T - \left[\frac{3\,142.31}{T}\right]}$（Pa）

空气饱和绝对含湿量 $d_b = 622 \dfrac{p_b}{B-p_b}$ (g/kg 干空气)

其中: B 为当地大气压(Pa),空气绝对含湿量 $d = \varphi \cdot d_b$ (g/kg 干空气)。

1.2.7 算例

重庆某厂车间全年室内温湿度 $t_{No} = 27$ ℃, $\phi_{No} = 65\%$, 新风比 $m = 0.1$。

室外设计参数[《工业建筑供暖通风与空气调节设计规范》(GB 50019—2015(附录)]:

夏季: $t_W = 35.5$ ℃、$t_{Ws} = 26.5$ ℃, 冬季 $t_{Wo} = 2.2$ ℃, $\phi_{Wo} = 83\%$。

夏季送风温度设定值 $t_{So} = 21$ ℃, 冬季送风温度设定值 $t_{So}' = 24.8$ ℃, 冬季送风最高温度 $t_{S\,max} = 30$ ℃。

以 Ⅰ 区加热阀的计算为例:

Ⅰ区(加热加湿):设偏差 $e = t_{No} - t_N$; $e(k) = t_{No} - t_N(k)$; $e(k) = 27 - t_N(k)$, $k = 0, 1, 2, \cdots, n$。

$t_N(k) = t_{No} = 27$ ℃; $e = 0$, $t_S = t_{So}' = 24.8$ ℃;

$0 < e < t_{No} - t_{Wo}$, 即 $0 < e < 27 - 2.2$, $0 < e < 24.8$, $t_S = t_{So}' + \dfrac{t_{S\,max} - t_{So}'}{t_{No} - t_{Wo}} e$, $t_S = 24.8 + \dfrac{30 - 24.8}{27 - 2.2} e$, $t_S = 24.8 + 0.2e$;

$t_{No} - t_{Wo} \leqslant e$, 即 $24.8 \leqslant e$, $t_S = t_{S\,max} = 30$ ℃。

$$
\left.
\begin{aligned}
&\text{设偏差 } e(k) = 27 - t_N(k); k = 0, 1, 2, \cdots, n;\\
&t_N(k) = 27 \text{ ℃}; e = 0, t_S = 24.8 \text{ ℃};\\
&0 < e < 24.8, t_S(k) = 24.8 + 0.2e(k), k = 0, 1, 2, \cdots, n;\\
&24.8 \leqslant e, t_S = 30 \text{ ℃}。
\end{aligned}
\right\} \tag{1.1}
$$

设偏差 $e' = t_S' - t_S$; $e'(k) = t_S'(k) - t_S(k)$, $k = 0, 1, 2, \cdots, n$;

$e' \leqslant -t_{So}'$, 即 $e' \leqslant -24.8$ ℃, $K_I = 1$, $-t_{So} < e' < 0$, 即 -24.8 ℃ $< e' < 0$, $K_I = -\dfrac{1}{t_{So}'} e' = -\dfrac{1}{24.8} e'$;

$$
\left.
\begin{aligned}
&0 \leqslant e, K_I = 0, \text{即 } e'(k) = t_S'(k) - t_S(k), k = 0, 1, 2, \cdots, n;\\
&e' \leqslant -24.8 \text{ ℃}, K_I(k) = 1;\\
&-24.8 \text{ ℃} < e'(k) < 0, K_I(k) = -\dfrac{1}{24.8} e(k), k = 0, 1, 2, \cdots, n;\\
&0 \leqslant e, K_I = 0。
\end{aligned}
\right\} \tag{1.2}
$$

设偏差 $E = K_I - K$; $E(k) = K_I(k) - K(k)$, $k = 0, 1, 2, \cdots, n$;

$\Delta K(k) = AE(k) + BE(k-1)$, $k = 0, 1, 2, \cdots, n$。

其中: $A = K_P + K_I$, $B = -K_P$;

$K_P = \dfrac{1}{\delta}$, $\delta = 0.600$, $K_P = 1.667$; $K_I = K_P T/T_I$。

时间常数(采样时间) $T = 5 \sim 10$ s, 取 $T = 7$ s, $T_I = 0.4 \sim 3$ min, 取 $T_I = 2$ min $= 120$ s。

$K_I = 1.667 \times 7/120 = 0.097$;

$A = K_P + K_I = 1.667 + 0.097 = 1.764$;

$B = -K_P = -1.667$。

$$\left. \begin{aligned} &\Delta K(k)=AE(k)+BE(k-1)=1.764E(k)-1.667E(k-1)\,; \\ &E(k)=K_{I}(k)-K(k)\,,k=0,1,2,\cdots,n\,; \\ &E(k-1)=K_{I}(k)-K(k-1)\,,k=0,1,2,\cdots,n\,; \\ &\Delta K(k)=1.764E(k)-1.667E(k-1)\,,k=0,1,2,\cdots,n_{\circ} \end{aligned} \right\} \quad (1.3)$$

时间常数 $T=7$ s,先根据 $k=1$,由方程组(1.1)、(1.2)得到方程组(1.3)中的 $K_{I}(1)$,再按如图 1.19 所示增量型 PI 控算算法程序流程图计算。

$k=1\,;t_{N}(1)=26\ \text{℃}\,;e(1)=27-26=1\,;$

$t_{S}=24.8+0.2\times1=25\ \text{℃}\,;$

$t_{S}'=23\ \text{℃}\,;$

$e'(1)=23-25=-2\ \text{℃}\,;K_{I}(1)=-\dfrac{1}{24.8}\times(-2)=0.081_{\circ}$

加热阀开度测量值 $K(1)=0.100\,,E(1)=0.081-0.100=-0.019\,,E(0)=0_{\circ}$

$\Delta K(1)=1.764E(1)=1.764\times(-0.019)=\ -0.034\,;$

$k=2\,;t_{N}(2)=25.8\ \text{℃}\,;e(2)=27-25.8=1.2\,;$

$t_{S}=24.8+0.2\times1.2=25.04\ \text{℃}\,;$

$t_{S}'=23.1\ \text{℃}\,;$

$e'(2)=23.1-25.04=-1.94\ \text{℃}\,;K_{I}(2)=-\dfrac{1}{24.8}\times(-1.94)=0.080_{\circ}$

加热阀开度测量值 $K(2)=0.120\,,E(2)=0.080-0.120=-0.040\,;$

$\Delta K(2)=1.764E(2)-1.667E(1)=1.764\times(-0.040)-1.667(-0.019)=-0.039_{\circ}$

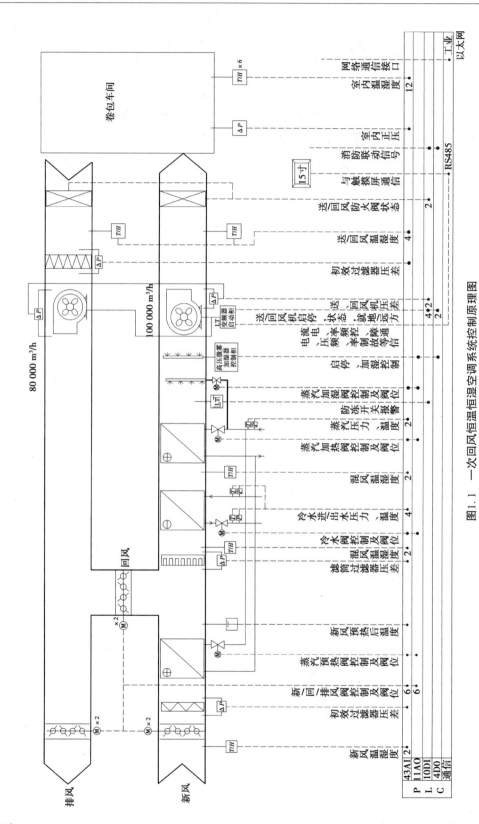

图1.1 一次回风恒温恒湿空调系统控制原理图

1.3　一次回风恒温恒湿空调系统全年多工况(动态分区,温湿度分控)控制模型

1.3.1　一次回风恒温恒湿空调系统组成

一次回风恒温恒湿空调系统如图 1.20 所示(图 1.20 见本节后附图)。

一次回风恒温恒湿(温湿度分控)空调系统由新、混、回风段,新风初中效过滤段、回风初中效过滤段、中间段、新、回风表冷段、中间段,蒸汽加热段,蒸汽加湿段,高压微雾加湿段,送风机段组成。

设置新风、混风、送风、室内温湿度传感器,新风初中效过滤器压差传感器,回风初中效过滤器压差传感器,送风机压差开关;新风冷水阀、回风冷水阀、蒸汽加热阀、蒸汽加湿阀、高压微雾加湿器加湿阀。送风机变频器,新、混、回、旁通风(房间侧墙排风)电动调节风阀,触摸屏,PLC 控制器。

1.3.2　控制方法改进

以前,仅由室内温湿度测量值与设定值的偏差信号来控制新、回风冷水阀、加热阀、加湿阀开度。由于房间围护结构热惯性对室内温度有延迟作用,故出现外部或内部温度扰动时,调节机构不能及时调节冷/热量,室内温度控制精度差。

现在实行了动态分区,由室内温湿度测量值与设定值的偏差信号来动态设定送风温湿度的设定值,再由送风温湿度的测量值与设定值的偏差信号来控制新、回风冷水阀、加热阀、加湿阀开度,因此出现外部或内部温度扰动时,调节机构能及时调节冷/热量,室内温度控制精度得到改善。

1.3.3　控制目标

实现房间温湿度恒定,在满足卫生要求的最小新风量和工艺排风量下尽可能节能,减少运行费用。

1.3.4　控制对象及方法

1. 阀门控制

采用动态分区来控制冷水阀、加热阀、蒸汽加湿阀、高压微雾加湿器加湿阀。

2. 动态分区图及说明

与如图 1.2 的动态分区图及说明相同。

3. 控制方法

1）Ⅰ区（加热加湿）

与如图 1.2 的Ⅰ区（加热加湿）相同。

2）Ⅱ区（冷却加湿）

与如图 1.2 的Ⅱ区（冷却加湿）相同（仅冷水阀改为回风冷水阀）。

3）Ⅲ区（冷却降温/除湿）

（1）冷却降温控制　由夏季室内温度测量值与设定值的偏差信号推算出夏季送风温度动态设定值，用夏季送风温度动态设定值与测量值的偏差信号来计算回风冷水阀（7 ℃冷水）开度动态设定值，再根据回风冷水阀开度测量值与动态设定值的偏差信号来控制回风冷水阀，实现对房间的恒温控制。

冷却降温控制模型同如图 1.2 的Ⅱ区冷却控制。

（2）冷却除湿控制　由夏季室内绝对含湿量测量值与设定值的偏差信号推算出夏季送风绝对含湿量动态设定值，由夏季送风绝对含湿量动态设定值与测量值的偏差信号来计算新风冷水阀（7 ℃冷水）开度动态设定值，再根据新风冷水阀开度测量值与动态设定值的偏差信号来控制新风冷水阀，实现对房间的恒湿控制。

设偏差 $e = d_N - d_{No}$; $e(k) = d_N(k) - d_{No}$, $k = 0, 1, 2, \cdots, n$; $d_N = d_{No}$;

$e = 0, d_S = d_{So}$; $0 < e < d_{Wo} - d_{No}$, $d_S = d_{So} - \dfrac{(d_{So} - d_{S\min})}{d_{Wo} - d_{No}} e$; $d_{Wo} - d_{No} \leq e$, $d_S = d_{S\min}$ 。

上述分段曲线即 $d_S(k) = f[e(k)]$ 。

（图 1.21 是 d_S 与 e 的关系图）

上式中：d_N——夏季室内绝对含湿量测量值，g/kg；

$\quad\quad d_{No}$——夏季室内绝对含湿量设定值，g/kg；

$\quad\quad d_S$——夏季送风绝对含湿量动态设定值，g/kg；

$\quad\quad d_{So}$——夏季送风绝对含湿量设定值，g/kg；

$\quad\quad d_{Wo}$——夏季室外绝对含湿量设定值，g/kg；

$\quad\quad d_{S\min}$——夏季送风绝对含湿量最小值，g/kg。

设偏差 $e' = d_S' - d_S$; $e'(k) = d_S'(k) - d_S(k)$, $k = 0, 1, 2, \cdots, n$;

$e' \leq 0, K_{\text{Ⅲ}}'' = 0$; $0 < e' < d_{No} - d_{So}$, $K_{\text{Ⅲ}}'' = \dfrac{1}{d_{No} - d_{So}} e'$; $d_{No} - d_{So} \leq e'$, $K_{\text{Ⅲ}}'' = 1$ 。

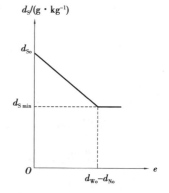

图 1.21　d_S 与 e 的关系图

上述分段曲线即 $K_{\text{Ⅲ}}'' = f[e'(k)]$ 。

（图 1.22 是 $K_{\text{Ⅲ}}''$ 与 e' 的关系图）

即由冷却除湿控制推算出的新风冷水阀开度动态设定值 $K_{\text{Ⅲ}}''$ 。

上式中：d_S'——夏季送风绝对含湿量测量值，g/kg。

设偏差 $E = K_{\text{Ⅲ}}'' - K$; $E(k) = K_{\text{Ⅲ}}''(k) - K(k)$, $k = 0, 1, 2, \cdots, n$ 。

式中：K——新风冷水阀开度测量值，%。

新风冷水阀开度增量 ΔK ：

$\quad\quad \Delta K(k) = AE(k) + BE(k-1)$, $k = 0, 1, 2, \cdots, n$ 。

其中：$A=K_P+K_I$，$B=-k_P$；

式中：K_I——积分系数，$K_I=k_P T/T_I$，T 为时间常数；

K_P——比例系数，$K_P=\dfrac{1}{\delta}$，δ 为比例带；

T，δ，T_I 可取经验值：$T=3\sim10$ s，$\delta=30\%\sim70\%$，积分时间 $T_I=0.4\sim3$ min。

$E(k-1)=K_{\mathrm{III}}''-K(k-1)$，$k=0,1,2,\cdots,n$。

4）新、混、回、旁通风阀控制

采用冬季、冬季过渡季、夏季过渡季、夏季室外温度与室内温度设定值的偏差来控制新、混、回、旁通风阀开度。

（1）新风阀控制（混风阀控制同新风阀控制）

设偏差 $e=t-t_{\mathrm{No}}$；$e(k)=t(k)-t_{\mathrm{No}}$，$k=0,1,2,\cdots,n$；

$e\leqslant t_{\mathrm{Wd}}'-t_{\mathrm{No}}$，$K_X=m$；$t_{\mathrm{Wd}}'-t_{\mathrm{No}}<e<t_{\mathrm{Lo}}-t_{\mathrm{No}}$，$K_X=\dfrac{1-m}{t_{\mathrm{Lo}}-t_{\mathrm{Wd}}'}e-\dfrac{(1-m)(t_{\mathrm{Wd}}'-t_{\mathrm{No}})}{t_{\mathrm{Lo}}-t_{\mathrm{Wd}}'}+m$；$t_{\mathrm{Lo}}-t_{\mathrm{No}}\leqslant e\leqslant0$，$K_X=1$；当 $O<e$，$K_X=m$。

上述分段曲线，即 $K_X(k)=f\,[\,e(K)\,]$。

（图 1.23 是 K_X 与 e 的关系图）

上式中：K_X——新风阀开度动态设定值，%；

t_{No}——夏季室内温度设定值，℃；

t——室外温度测量值，℃；

t_{Lo}——夏季表冷器后温度设定值，℃；

m——新风阀开度最小值，%；

t_{So}——夏季送风温度设定值，℃；

t_{Wd}'——新风预热后的温度设定值，℃。

由空调理论知：$t_{\mathrm{Wd}}'=t_{\mathrm{No}}-\dfrac{t_{\mathrm{No}}-t_{\mathrm{So}}}{G_X/G}$（℃）。（注：$G_X/G$ 为新风风量与送风风量之比）

设偏差 $E=K_X-K_X'$；$E(k)=K_X(k)-K_X'(k)$，$k=0,1,2,\cdots,n$。

上式中：K_X'——新风阀开度测量值，%。

新风阀开度增量 $\Delta K_X(k)=AE(k)+BE(k-1)$，$k=0,1,2,\cdots,n$。

其中：$A=K_P+K_I$，$B=-K_P$；

式中：K_P——比例系数，$K_P=\dfrac{1}{\delta}$，δ 为比例带；

K_I——积分系数，$K_I=K_P T/T_I$，T 为时间常数；

T，δ、T_I 可取经验值：$T=3\sim10$ s，$\delta=20\%\sim60\%$，积分时间 $T_I=3\sim10$ min。

$E(k-1)=K_X(k)-K_X'(k-1)$，$k=0,1,2,\cdots,n$。

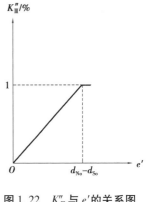

图 1.22　K_{III}'' 与 e' 的关系图

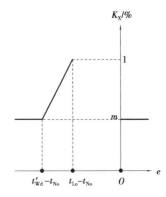

图 1.23　k_X 与 e 的关系图

（2）回风阀控制

由回风阀开度（%）+新风阀开度（%）=1 得,

回风阀开度（%）=1-新风阀开度（%）;

回风阀开度增量 $\Delta K_h(k)=-\Delta K_X(k)$, $k=0,1,2,\cdots,n$。

（3）旁通阀控制

由旁通阀开度（%）+回风阀开度（%）=1 得,

旁通阀开度（%）=1-回风阀开度（%）;

旁通阀开度增量 $\Delta K_P(k)=-\Delta K_h(k)$, $k=0,1,2,\cdots,n$。

综上所述,新风阀1、新风阀2 的控制方法为:

冬季（供蒸汽）:室外温度 $t\leqslant t'_{Wd}$, $K_{X_1}=m$, $K_{X_2}=0$;

冬季过渡季（供蒸汽）: $t'_{Wd}<t<t_{Lo}$, $K_{X_1}=K_{X_2}=\dfrac{1-m}{t_{Lo}-t'_{Wd}}e-\dfrac{(1-m)(t'_{Wd}-t_{No})}{t_{Lo}-t'_{Wd}}+m$;

夏季过渡季（供冷水、供蒸汽）: $t_{Lo}\leqslant t\leqslant t_{No}$, $K_X=K_{X_2}=1$;

夏季（供冷水、供蒸汽）: $t_{No}<t$, $K_{X_1}=m$, $K_{X_2}=0$。

5）送风机频率控制

同 1.2 节的送风机频率控制。

6）联锁控制

冬季:开机时,送风机开,新、旁通风阀开,混、回风阀关,加热阀、蒸汽加湿阀开;关机时,先关加热阀、蒸汽加湿阀,延时 3 min 后关送风机,关新、旁通风阀,开混、回风阀。

冬季过渡季:开机时,送风机开,新、混、旁通风阀开,回风阀关,加热阀、蒸汽加湿阀开;关机时,先关加热阀、蒸汽加湿阀,延时 3 min 后关送风机,关新、混、旁通风阀,开回风阀。

夏季过渡季:开机时,送风机开,新、混、旁通风阀开,回风阀关,冷水阀、高压微雾加湿器加湿阀/蒸汽加湿阀开;关机时,先关冷水阀、高压微雾加湿器加湿阀/蒸汽加湿阀,延时 3 min 后关送风机,关新、混、旁通风阀,开回风阀。

夏季:开机时,送风机开,新、旁通阀开,混、回风阀关,冷水阀、加热阀开;关机时,先关新风冷水阀、回风冷水阀,延时 3 min 后关送风机,关新、旁通风阀,开混、回风阀。

消防联锁:收到消防报警信号后,按各个季节关机联锁。

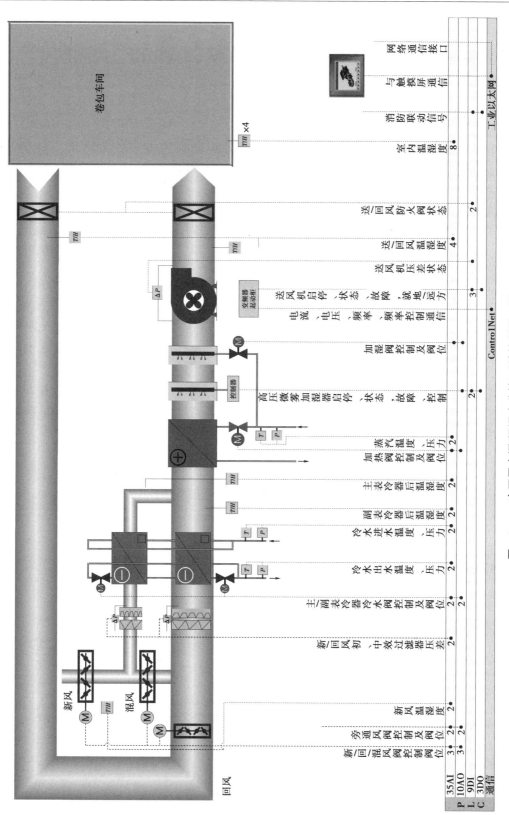

图 1.20　一次回风空调(温湿度分控)系统控制原理图

1.4 实验室恒温恒湿空调系统全年多工况（动态分区）控制模型

1.4.1 实验室恒温恒湿空调系统的组成

实验室恒温恒湿空调系统如图1.24所示。（图1.24见本节后附图）。

实验室恒温恒湿空调系统由新风预热段、混合段（含初效过滤器）、表冷挡水段（冷/热水）、中间段、电加热段、电热加湿段、送风机段组成。

设置新风、混风、表冷器后送风、室内温湿度传感器；新风预热后温度传感器、初效过滤器压差开关、送风机压差开关；新风预热电加热开关、冷/热水阀、电加热器可控硅、电热加湿器可控硅、送风机变频器，新、回风电动调节风阀，送、回风防火阀（带电信号输出），触摸屏，PLC控制器。

1.4.2 控制方法改进

以前，仅由室内温湿度测量值与设定值的偏差信号来控制冷/热水阀、电加热器可控硅、电热加湿器可控硅，由于房间围护结构的热惰性对室内温度有延迟作用，故出现外部或内部温度扰动时，调节机构不能及时调节冷/热量，室内温度控制精度差。现在由于实行了动态分区，可由室内温湿度测量值与设定值的偏差信号来动态设定送风温湿度的设定值，再由送风温湿度的测量值与设定值的偏差信号来控制冷热水阀、电加热器可控硅、电热加湿器可控硅，因此出现外部或内部温度扰动时，调节机构能及时调节冷/热量，室内温度控制精度得到改善。

1.4.3 控制目标

实现房间温湿度恒定，在满足卫生要求的最小新风量下尽可能节省运行费用。

1.4.4 控制对象及方法

1. 阀门控制

采用动态分区来控制冷/热水阀、电加热器可控硅、电热加湿器可控硅。

2. 动态分区图及说明

同如图1.2所示动态分区图及说明。

3. 控制方法

1）Ⅰ区（加热加湿）
（1）加热控制
与如图1.2所示Ⅰ区加热控制相同（仅将加热阀改为冷/热水阀）。
（2）加湿控制
由冬季室内绝对含湿量测量值与设定值的偏差信号推算出冬季送风绝对含湿量动态设定

值,由冬季送风绝对含湿量测量值与动态设定值的偏差信号来控制电热加湿器可控硅单位时间通断时间,实现对房间的恒湿控制。

设偏差 $e=d_{No}-d_N$; $e(k)=d_{No}-d_N(k)$, $k=0,1,2,\cdots,n$;

$d_N(k)=d_{No}$, $e=0$, $d_S=d_{So}$; $0<e<d_{No}-d_{Wo}$, $d_S=d_{So}+\dfrac{d_{S\,max}-d_{So}}{d_{No}-d_{Wo}}e$;

$d_{No}-d_{Wo}\leqslant e$, $d_S=d_{S\,max}$。

上述分段曲线即 $d_S=(k)=f[e(k)]$。

(图 1.25 是 d_S 与 e 的关系图)

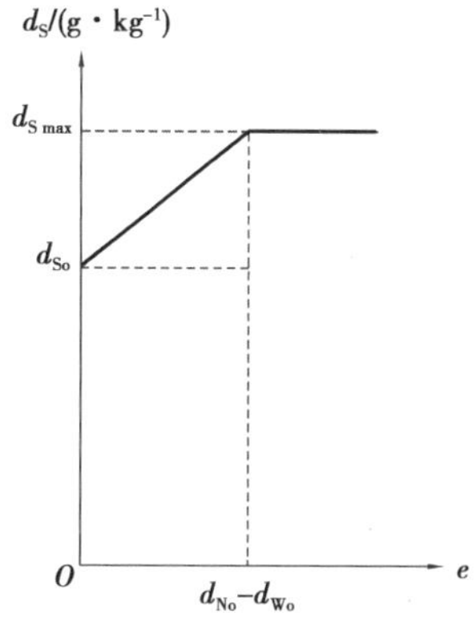

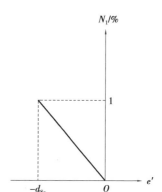

图 1.25　d_S 与 e 的关系图

式中:d_N——冬季房间绝对含湿量测量值,g/kg;

　　d_{No}——冬季房间绝对含湿量设定值,g/kg;

　　d_S——冬季送风绝对含湿量动态设定值,g/kg;

　　d_{So}——冬季送风绝对含湿量设定值,g/kg;

　　d_{Wo}——冬季室外绝对含湿量设定值,g/kg;

　　$d_{S\,max}$——冬季送风绝对含湿量最大值(g/kg)。

设偏差 $e'=d_{S'}-d_S$; $e'(k)=d_{S'}(k)-d_S(k)$, $k=0,1,2,\cdots,n$。

$e'\leqslant -d_{So}$, $N_1=1$; $-d_{So}<e'<0$, $N_1=-\dfrac{1}{d_{So}}e'$; $0\leqslant e'$, $N_1=0$。

上述分段曲线即 $N_1(k)=f[e'(k)]$。

(图 1.26 是 N_1 与 e' 的关系图)

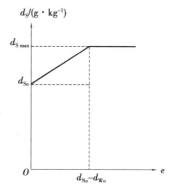

图 1.26　N_1 与 e' 的关系图

式中:N_1——电热加湿器可控硅单位时间通断时间,%;

　　$d_{S'}$——冬季送风绝对含湿量测量值,g/kg。

2)Ⅱ区(冷却加湿)

(1)冷却控制

与 1.2 节的Ⅱ区冷却控制相同(仅冷水阀改为冷/热水阀)。

(2)加湿控制

由夏季室内绝对含湿量测量值与设定值的偏差信号推算出夏季送风绝对含湿量动态设定值,由夏季送风绝对含湿量测量值与动态设定值的偏差信号来控制电热加湿器可控硅单位时间通断时间,实现对房间的恒湿控制。

设偏差 $e=d_{No}-d_N$; $e(k)=d_{No}-d_N(k)$, $k=0,1,2,\cdots,n$;

$d_N(k)=d_{No}$, $e=0$, $d_S=d_{So}$; $0<e<d_{No}-d_{Wo}$, $d_S=d_{So}+\dfrac{d_{S\,max}-d_{So}}{d_{No}-d_{Wo}}e$;

$d_{No}-d_{Wo}\leqslant e$, $d_S=d_{S\,max}$。

上述分段曲线即 $d_S(k)=f[e(k)]$。

(图 1.27 是 d_S 与 e 的关系图)

式中:d_N——夏季室内绝对含湿量测量值,g/kg;

　　d_{No}——夏季室内绝对含湿量设定值,g/kg;

　　d_S——夏季送风绝对含湿量动态设定值,g/kg;

　　d_{So}——夏季送风绝对含湿量设定值,g/kg;

　　d_{Wo}——夏季室外绝对含湿量设定值,g/kg;

图 1.27　d_S 与 e 的关系图

$d_{S\,max}$——夏季送风绝对含湿量最大值（g/kg）。

设偏差 $e' = d_{S'} - d_S$；$e'(k) = d_{S'}(k) - d_S(k)$，$k = 0,1,2,\cdots,n$；

$e' \leqslant -d_{So}$，$N_1 = 1$；$-d_{So} < e' < 0$；$N_1 = -\dfrac{1}{d_{So}}e'$；$0 \leqslant e'$，$N_1 = 0$。

上述分段曲线即 $N_1(k) = f[e'(k)]$。

（图 1.28 是 N_1 与 e' 的关系图）

式中：N_1——电热加湿器可控硅单位时间通断时间，%；

　　　$d_{S'}$——夏季送风绝对含湿量测量值，g/kg。

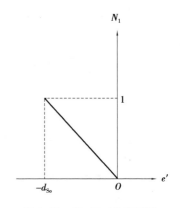

图 1.28　N_1 与 e' 的关系图

3）Ⅲ区（冷却除湿再热）

（1）冷却除湿控制

由夏季室内温度测量值与设定值的偏差信号推算出夏季送风温度动态设定值，由夏季送风温度测量值与动态设定值的偏差信号来计算冷/热水阀（7 ℃冷水）开度。

由夏季室内绝对含湿量测量值与设定值的偏差信号推算出夏季送风绝对含湿量动态设定值，由夏季送风绝对含湿量测量值与动态设定值的偏差信号来计算冷/热水阀（7 ℃冷水）开度。

选择上述两个冷水阀开度中的大者作为冷/热水阀开度动态设定值，再根据冷/热水阀开度测量值与动态设定值的偏差信号来实现对房间的恒温恒湿控制。

a. 冷却降温控制模型：同 1.2 节Ⅱ区冷却控制，可推算出 1 个冷/热水阀开度 k_1'。

b. 冷却除湿控制模型：同 1.2 节的冷却除湿控制（仅冷水阀改为冷/热水阀）。

（2）再热控制

由夏季室内温度测量值与设定值的偏差信号推算夏季送风温度动态设定值，由夏季送风温度测量值与动态设定值的偏差信号控制电加热器可控硅单位时间通断时间，实现对房间的恒温控制。仅当进行冷却除湿时，送风温度测量值低于送风温度动态设定值时才进行再热控制；冷却降温时不进行再热控制。因此变露点调节可节省部分再热电耗（与定露点调节相比），变露点调节优于定露点调节。

设偏差 $e = t_{No} - t_N$；$e(k) = t_{No} - t_N(k)$，$k = 0,1,2,\cdots,n$；$t_N(k) = t_{No}$；

$e = 0$，$t_S = t_{So}$；$0 < e < (t_{No} - t_{Wo})$，$t_S = t_{So} + \dfrac{(t_{S\,max} - t_{So})}{t_{No} - t_{Wo}}e$；$(t_{No} - t_{Wo}) \leqslant e$，$t_S = t_{S\,max}$。

上述分段曲线即 $t_S(k) = f[e(k)]$。

（图 1.29 是 t_S 与 e 的关系图）

上式中：t_N——夏季室内温度测量值，℃；

　　　　t_{No}——夏季室内温度设定值，℃；

　　　　t_S——夏季送风温度动态设定值，℃；

　　　　t_{So}——夏季送风温度设定值，℃；

　　　　t_{Wo}——夏季室外温度设定值，℃；

　　　　$t_{S\,max}$——夏季送风温度最大值，℃；

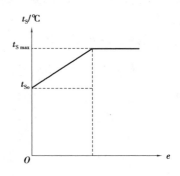

图 1.29　t_S 与 e 的关系图

设偏差 $e' = t_S' - t_S$；$e'(k) = t_S'(k) - t_S(k)$，$k = 0,1,2,\cdots,n$；

$e' \leqslant -t_{So}$，$N_1 = 1$；$-t_{So} < e' < 0$，$N_1 = -\dfrac{1}{t_{So}}e'$；$0 \leqslant e'$，$N_1 = 0$。

上述分段曲线即 $N_1(k) = f[e'(k)]$。

（图1.30是N_1与e'的关系图）

式中：N_1——电加热器可控硅单位时间通断次数，次/min；

$\quad\quad t'_S$——夏季送风温度测量值，℃。

4）新、回风阀控制

采用冬季、冬季过渡季、夏季过渡季、夏季室外温度与室内温度设定值的偏差来控制新、回风阀开度，同1.2节的新、回风阀控制。

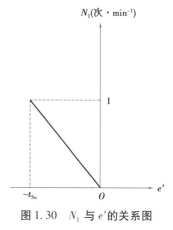

图1.30 N_1与e'的关系图

综上所述，①新风阀控制方法如下。

冬季（供45 ℃热水）：室外温度$t \leq t'_{Wd}$，$K_X = m$；

冬季过渡季（供45 ℃热水）：$t_{Wd'} < t < t_{Lo}$，$K_X = \dfrac{1-m}{t_{Lo}-t_{Wd'}}e - \dfrac{(1-m)(t_{Wd'}-t_{No})}{t_{Lo}-t_{Wd'}}+m$；

夏季过渡季（供7 ℃冷水）：$t_{Lo} \leq t \leq t_{No}$，$k_X = 1$；

夏季（供7 ℃冷水）：$t_{No} < t$，$K_X = m$。

全新风时由房间自垂百叶排风。

②回风阀控制与1.2节的回风阀控制相同。

5）新风预热控制

新风温度$t < t'_{Wd}$，需根据室外温度t与新风预热温度设定值t'_{Wd}的偏差信号控制新风预热电加热器，实现新风预热控制。

设偏差$e = t - t'_{Wd}$；$e(k) = t(k) - t'_{Wd}$，$k = 0,1,2,\cdots,n$。

$e < 0$，$N_r = 1$时，新风预热电加热器开；$0 \leq e$，$N_r = 0$时，新风预热电加热器关。

（图1.31是N_r与e的关系图）

上式中：t'_{Wd}——新风预热后温度设定值，℃；

$\quad\quad t$——新风温度测量值，℃；

$\quad\quad N_r$——新风电加热器单位时间通断时间，%。

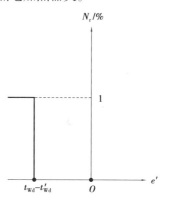

图1.31 N_r与e的关系图

6）联锁控制

冬季：开机时，送风机开、新风阀开、回风阀关，新风电加热器、电加热器、电热加湿器开；关机时，先关新风电加热器、电加热器、电热加湿器，延时3 min后关送风机、关新风阀、开回风阀。

冬季过渡季：开机时，送风机开、新风阀开、回风阀关，电加热器、电热加湿器开；关机时，先关电加热器、电热加湿器，延时3 min后关送风机、关新风阀、开回风阀。

夏季过渡季：开机时，送风机开、新风阀开、回风阀关，冷水阀、电热加湿器开；关机时，关冷水阀、电热加湿器，延时3 min后关送风机、关新风阀、开回风阀。

夏季：开机时，送风机开、新风阀开、回风阀关，冷水阀、电加热器开；关机时，先关冷水阀、电加热器，延时3 min后关送风机、关新风阀、开回风阀。

消防联锁：收到消防报警信号后，按各个季节关机联锁。

防冻联锁：防冻开关报警（+5 ℃）后，电加热器开至额定功率的10%。

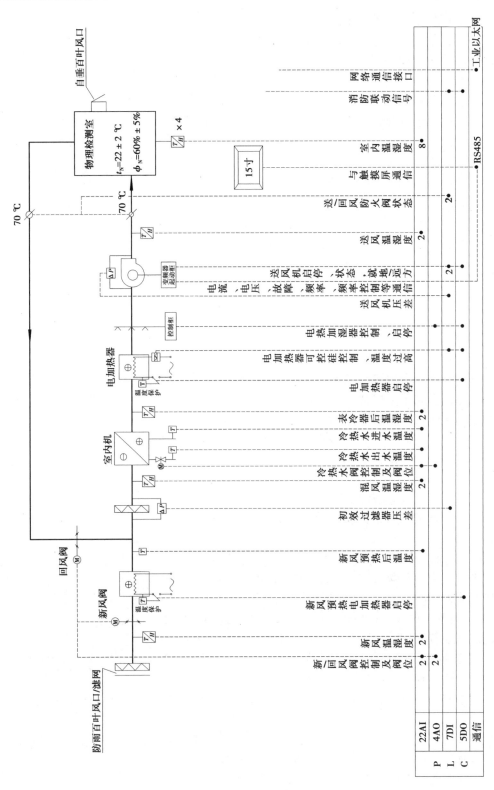

图1.24 实验室恒温恒湿空调系统控制原理图

1.5　实验室净化恒温恒湿空调系统全年多工况（动态分区）控制模型

1.5.1　实验室净化恒温恒湿空调系统的组成

实验室净化恒温恒湿空调系统如图 1.32、图 1.33 所示。（图 1.32、图 1.33 见本节后附图）

实验室净化恒温恒湿空调系统由混合段、送风机段、初中效过滤段、表冷挡水段（冷/热水）、中间段、电加热段、电热加湿段组成。

设置混风、送风、室内温湿度传感器，室内压差传感器，新风预过滤、回风、初/中/高效过滤器压差开关，送风机压差开关，冷/热水阀、电加热器可控硅、电热加湿器可控硅、送风机变频器，新、回风电动调节风阀，送、回风防火阀（带电信号输出），触摸屏，PLC 控制器。

1.5.2　控制方法改进

以前，仅由室内温湿度测量值与设定值的偏差信号来控制冷水阀、电加热器可控硅、电热加湿器可控硅，由于房间围护结构的热惰性对室内温度有延迟作用，故出现外部或内部温度扰动时，调节机构不能及时调节冷/热量，室内温度控制精度差。现在由于实行了动态分区，可由室内温湿度测量值与设定值的偏差信号来动态设定送风温湿度的设定值，再由送风温湿度的测量值与设定值的偏差信号来控制冷水阀、电加热器可控硅、电热加湿器可控硅，因此出现外部或内部温度扰动时，调节机构能及时调节冷/热量，室内温度控制精度得到改善。

1.5.3　控制目标

实现房间洁净度及温湿度恒定，在满足卫生要求的最小新风量下尽可能节省运行费用。

1.5.4　控制对象及方法

1.阀门控制

采用动态分区来控制冷/热水阀、电加热器可控硅、电热加湿器可控硅。

2.动态分区图及说明

与如图 1.2 所示动态分区图及说明相同。

3.控制方法

1）Ⅰ区（加热加湿）

同 1.2 节Ⅰ区（加热加湿）。

2）Ⅱ区（冷却加湿）

同 1.2 节Ⅱ区（冷却加湿）。

3）Ⅲ区（冷却除湿再热）

同 1.2 节Ⅲ区（冷却除湿再热）。

4）新、回风阀及房间送、回风阀控制

根据最小新风量及房间压力，手动控制新、回风阀及房间送、回风阀开度。

5）送风机频率控制

用送风风量测量值与设定值的偏差信号及送风机频率下限来控制送风机频率，实现对送风风量的恒定控制。

设偏差 $e=L-L_o; e(k)=L(k)-L_o, k=0,1,2,\cdots,n$。

式中：L——送风风量测量值，m^3/h；

L_o——送风风量设定值，m^3/h。

$L_{min} \leqslant L \leqslant L_{max}, L_{min}-L_o \leqslant e \leqslant L_{max}-L_o$；

$$f=\frac{m-50}{L_{max}-L_{min}}[e-(L_{min}-L_o)]+50。$$

式中：L_{max}——送风风量最大值（对应初、中、高效过滤器初阻力，m^3/h）；

L_{min}——送风风量最小值（对应初、中、高效过滤器终阻力，m^3/h）；

m——送风机频率下限（对应初、中、高效过滤器初阻力，Hz）。

上述分段曲线即为 $f_1(k)=f[e(K)]$。

（图 1.34 是 f_1 与 e 的关系图）

设偏差 $E=f_1-f; E(k)=f_1(k)-f(k), k=0,1,2,\cdots,n$。

式中：f——送风机频率测量值，Hz；

f_1——送风机频率动态设定值，Hz。

送风机频率增量 $\Delta f(k)=AE(k)+BE(k-1), k=0,1,2,\cdots,n$。

其中：$A=K_P+K_I, B=-K_P$；

式中：K_I——积分系数，$K_I=K_P T/T_I$，T 为时间常数；

K_P——比例系数，$K_P=\frac{1}{\delta}$，δ 为比例带；

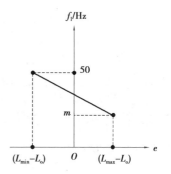

图 1.34　f_1 与 e 的关系图

T,δ,T_I 可取经验值：$T=1\sim5$ s，$\delta=40\%\sim100\%$，积分时间 $T_I=0.1\sim1$ min。

$E(k-1)=f_1(k)-f(k-1), k=0,1,2,\cdots,n$。

6）联锁控制

冬季：开机时，送风机开、新风阀开、回风阀关、电加热器、电热加湿器开；关机时，先关电加热器、电热加湿器，延时 3 min 后关送风机、关新风阀、开回风阀。

冬季过渡季：开机时，送风机开、新风阀开、回风阀关、电加热器、电热加湿器开；关机时，先关电加热器、电热加湿器，延时 3 min 后关送风机、关新风阀、开回风阀。

夏季过渡季：开机时，送风机开、新风阀开、回风阀关、冷水阀、电热加湿器开；关机时，关冷水阀、电热加湿器，延时 3 min 后关送风机、关新风阀、开回风阀。

夏季：开机时，送风机开、新风阀开、回风阀关、冷水阀、电加热器开；关机时，先关冷水阀、电加热器，延时 3 min 后关送风机、关新风阀、开回风阀。

消防联锁：收到消防报警信号后，按各个季节关机联锁。

防冻联锁：防冻开关报警（$+5$ ℃）后，电加热器开至额定功率的 10%。

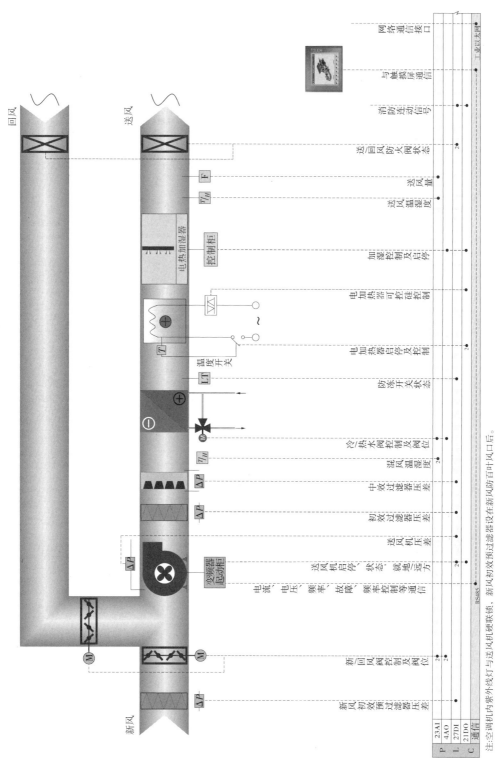

图1.32 实验室净化恒温恒湿空调系统控制原理图

注空调机内紫外线灯与送风机硬联锁、新风初效预过滤器设在新风防雨叶风口后。

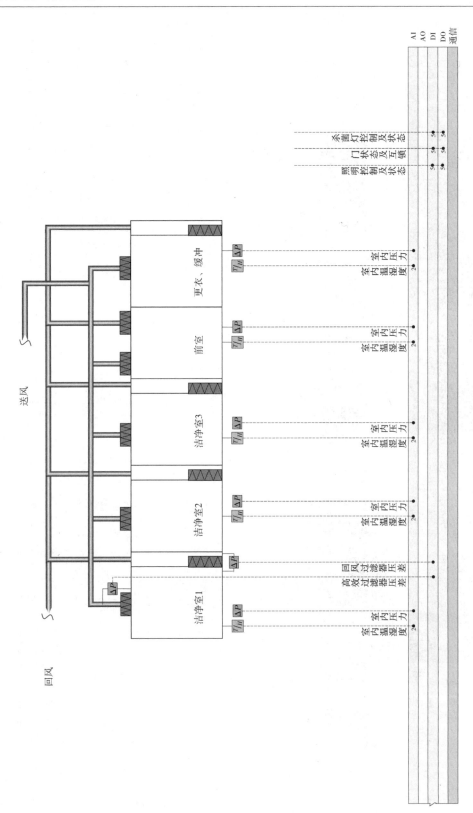

图1.33 实验室净化恒温恒湿空调系统控制原理图

1.6　一次回风恒温恒湿空调系统全年多工况（动态分区，喷淋室）控制模型

1.6.1　一次回风恒温恒湿（喷淋室）空调系统的组成

一次回风恒温恒湿（喷淋室）空调系统如图 1.35 所示（图 1.35 见本节后附图）。

一次回风恒温恒湿（喷淋室）空调系统由回风机段，新风蒸汽预热段（带初效过滤器），新、回、排风段，初中效过滤段，喷淋段，中间段，蒸汽加热段，蒸汽加湿段，送风机段组成。

设置新风、混风、表冷器后、送/回风、室内温湿度传感器；新风预热后温度传感器，蒸汽加热器后低温报警开关，初效过滤器压差开关，中效过滤器压差开关，室内压差传感器，送、回风机压差开关；预热阀、冷水阀、蒸汽加热阀、蒸汽加湿阀，送、回风机变频器，新、回、排风电动调节风阀，触摸屏，PLC 控制器。

1.6.2　控制方法改进

以前，仅由室内温湿度测量值与设定值的偏差信号来控制冷水阀、蒸汽加热阀、蒸汽加湿阀开度。由于房间围护结构的热惰性对室内温度有延迟作用，故出现外部或内部温度扰动时，调节机构不能及时调节冷/热量，室内温度控制精度差。

现在由于实行了动态分区，由室内温湿度测量值与设定值的偏差信号来动态设定送风温湿度的设定值，再由送风温湿度的测量值与设定值的偏差信号来控制冷水阀、蒸汽加热阀、蒸汽加湿阀开度，因此在出现外部或内部温度扰动时，调节机构能及时调节冷/热量，室内温度控制精度得到改善。

1.6.3　控制目标

实现房间温湿度恒定，在满足卫生要求的最小新风量和工艺排风量下尽可能节省运行费用。

1.6.4　控制对象及方法

1.阀门控制

采用如图 1.36 所示动态分区图来控制冷水阀、加热阀、蒸汽加湿阀。

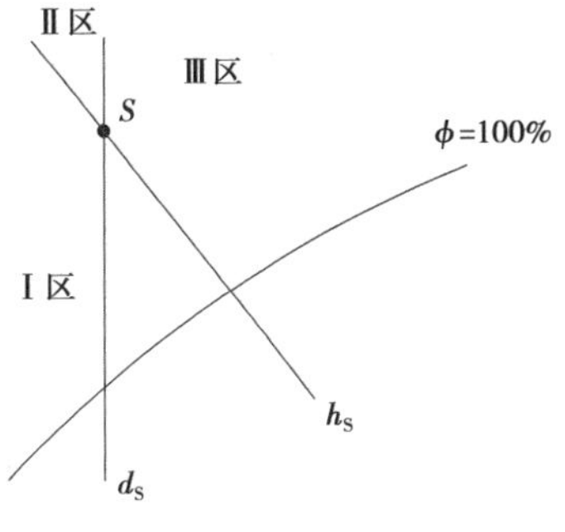

图 1.36　动态分区图

2.动态分区图说明

在焓湿图上过送风状态点 S 作等焓线和等湿线，以此作为分区界线，将焓湿图分为 3 个区。

Ⅰ区（加热加湿）：$d_c \leqslant d_s, h_c \leqslant h_s$（$d_c, h_c$ 为混合点的绝对含湿量和焓值）。

Ⅱ区（冷却加湿）：$d_c \leqslant d_s, h_c > h_s$。

Ⅲ区（冷却除湿再热）：$d_c > d_s$。

3. 控制方法

1）Ⅰ区（加热加湿）

同 1.2 节Ⅰ区（加热加湿）。

2）Ⅱ区（冷却加湿）

同 1.2 节Ⅱ区（冷却加湿），仅将蒸汽加湿阀/高压微雾加湿器加湿阀改为蒸汽加湿阀。

3）Ⅲ区（冷却除湿再热）

同 1.2 节Ⅲ区（冷却除湿再热）。

4）新、回、排风阀控制

采用冬季、冬季过渡季、夏季过渡季、夏季室外温度与室内温度设定值的偏差来控制新、回、排风阀开度，同 1.2 节的新、回、排风阀控制。

5）预热阀控制

同 1.2 节的预热阀控制。

6）送风机频率控制

同 1.2 节的送风机频率控制。

7）回风机频率控制

同 1.2 节的回风机频率控制。

8）联锁控制

冬季：开机时，送、回风机开，新、排风阀开，回风阀关，预热阀、加热阀、蒸汽加湿阀开。关机时，先关预热阀、加热阀、蒸汽加湿阀，延时 3 min 后关送、回风机，关新、排风阀，开回风阀。

冬季过渡季：开机时，送、回风机开，新、排风阀开，回风阀关，加热阀、蒸汽加湿阀开。关机时，先关加热阀、蒸汽加湿阀，延时 3 min 后关送、回风机，关新、排风阀，开回风阀。

夏季过渡季：开机时，送、回风机开，喷淋泵开，冷水阀及蒸汽加湿阀开，新、排风阀开，回风阀关。关机时，先关冷水阀、蒸汽加湿阀、喷淋泵，延时 3 min 后关送、回风机，关新、排风阀，开回风阀。

夏季：开机时，送、回风机开，冷水阀、喷淋泵开，新、排风阀开，回风阀关。关机时，先关冷水阀及喷淋泵，延时 3 min 后关送、回风机，关新、排风阀，开回风阀。

消防联锁：收到消防报警信号后，立刻按各个季节关机联锁。

防冻联锁：防冻开关报警（+5 ℃）后，加热阀开度开至 1%。

1.6.5 空气绝对含湿量

由空气干球温度 t，相对湿度 φ 推算空气绝对含湿量 d。

空气绝对温度 $T=273+t(K)$，

空气饱和水蒸气压 $P_b = 10^{30.590\,51-8.2\,\lg Tw+(2.480\,4\times10^{-3})\,T-\left[\frac{3\,142.31}{T}\right]}$（Pa），

空气饱和绝对含湿量 $d_b = 622\dfrac{P_b}{B-P_b}$ g/kg 干空气。

式中　B——当地大气压，Pa；

空气绝对含湿量 $d=\varphi\cdot d_b$ g/kg 干空气。

1.6.6 焓值

由空气干球温度 t、绝对含湿量 d，推算焓值：$h=1.01t+0.001d(2\,501+1.85t)$（kJ/kg）。

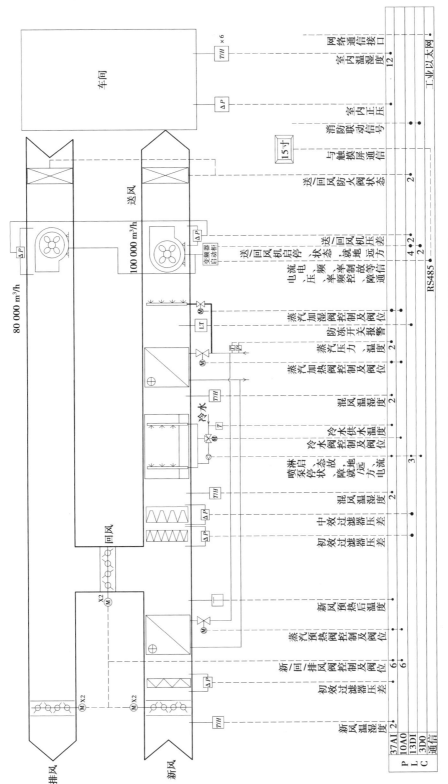

图1.35　一次回风恒温恒湿(喷淋室)空调系统控制原理图

1.7 二次回风恒温恒湿空调系统全年多工况（动态分区）控制模型

1.7.1 二次回风恒温恒湿空调系统的组成

二次回风恒温恒湿空调系统如图 1.37 所示。（图 1.37 见本节后附图）

二次回风恒温恒湿空调系统由回风机段(带初效过滤器),新风蒸汽预热段(带初效过滤器),新、回、排风段,滤筒过滤段(水洗滤筒)、中间段,表冷挡水段,二次回风段,蒸汽加热段,蒸汽加湿段,高压微雾加湿段,送风机段组成。

设置新风、混风、表冷器后、送/回风、室内温湿度传感器;新风预热后温度传感器,蒸汽加热器后低温报警开关,初效过滤器压差传感器,滤筒过滤器压差传感器,室内压差传感器,送、回风机压差开关;预热阀、冷水阀、蒸汽加热阀、蒸汽加湿阀、高压微雾加湿器加湿阀;送、回风机变频器,新、一次回、排、二次回风电动调节风阀,送、回风防火阀(带电信号输出),触摸屏,PLC 控制器。

1.7.2 控制方法改进

以前,仅由室内温湿度测量值与设定值的偏差信号来控制冷水阀、一次回风阀、二次回风阀、蒸汽加热阀、蒸汽加湿阀开度。由于房间围护结构的热惰性对室内温度有延迟作用,故出现外部或内部温度扰动时,调节机构不能及时调节冷/热量,室内温度控制精度差。

现在由于实行了动态分区,由室内温湿度测量值与设定值的偏差信号来动态设定送风温湿度的设定值,再由送风温湿度的测量值与设定值的偏差信号来控制冷水阀、一次回风阀、二次回风阀、蒸汽加热阀、蒸汽加湿阀开度,因此在出现外部或内部温度扰动时,调节机构能及时调节冷/热量,室内温度控制精度得到改善。

1.7.3 控制目标

实现房间温湿度恒定,在满足卫生要求的最小新风量和工艺排风量下尽可能节省运行费用。

1.7.4 控制对象及方法

1.阀门控制

采用动态分区来控制预热阀,冷水阀,一、二次回风阀,加热阀,蒸汽加湿阀,高压微雾加湿器加湿阀。

2.动态分区图及说明

同如图 1.2 所示动态分区图及说明。

3. 控制方法

1) Ⅰ区（加热加湿）

同 1.2 节Ⅰ区（加热加湿）。

2) Ⅱ区（冷却加湿）

同 1.2 节Ⅱ区（冷却加湿）。

3) Ⅲ区（冷却除湿再热）

（1）冷却除湿控制

同 1.2 节Ⅲ区冷却除湿控制。

（2）再热控制

由夏季室内温度设定值与测量值的偏差信号推算夏季送风温度动态设定值，由夏季送风温度测量值与动态设定值的偏差信号控制一、二次回风阀开度，实现对房间的恒温控制。仅当进行冷却除湿，送风温度测量值低于送风温度动态设定值时才进行再热控制，进行冷却降温时不进行再热控制，因此可节省部分再热蒸汽。

设偏差 $e = t_{No} - t_N$；$e(k) = t_{No} - t_N(k)$，$k = 0, 1, 2, \cdots, n$；$t_N(k) = t_{No}$；

$e = 0$，$t_S = t_{So}$；$0 < e < t_{No} - t_{Wo}$，$t_S = t_{So} + \dfrac{t_{S\,max} - t_{So}}{t_{No} - t_{Wo}} e$；$t_{No} - t_{Wo} \leq e$，$t_S = t_{S\,max}$。

上述分段曲线即 $t_S(k) = f[e(k)]$。

（图 1.38 是 t_S 与 e 的关系图）

上式中：t_S——夏季室内温度测量值，℃；

$\quad$ t_{No}——夏季室内温度设定值，℃；

$\quad$ t_S——夏季送风温度动态设定值，℃；

$\quad$ t_{So}——夏季送风温度设定值，℃；

$\quad$ t_{Wo}——夏季室外温度设定值，℃；

$\quad$ $t_{S\,max}$——夏季送风温度最大值，℃。

设偏差 $e' = t'_S - t_S$；$e'(k) = t'_S(k) - t_S(k)$，$k = 0, 1, 2, \cdots, n$；

$e' \leq -t_{So}$，$K_I = 1$；$-t_{So} < e' < 0$，$K_I = -\dfrac{1}{t_{So}} e'$；$0 \leq e'$，$K_I = 0$。

上述分段曲线即 $K_I(k) = f[e'(k)]$。

（图 1.39 是 K_I 与 e' 的关系图）

上式中：K_I——二次回风阀开度动态设定值，%；

$\quad$ t'_S——夏季送风温度测量值，℃。

设偏差 $E = K_I - K$；$E(k) = K_I(k) - K(k)$，$k = 0, 1, 2, \cdots, n$。

其中：K——二次回风阀开度测量值，%。

二次回风阀开度增量 ΔK：

$\Delta K(k) = AE(k) + BE(k-1)$，$k = 0, 1, 2, \cdots, n$。

其中：$A = K_P + K_I$，$B = -K_P$；

式中：K_I——积分系数，$K_I = K_P T/T_I$，T 为时间常数；

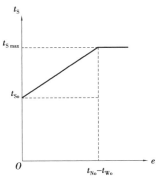

图 1.38　t_S 与 e 的关系图

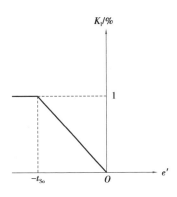

图 1.39　K_I 与 e' 的关系图

K_P——比例系数，$K_P = \dfrac{1}{\delta}$，δ 为比例带；

T, δ, T_I 可取经验值：$T = 3 \sim 10$ s，$\delta = 30\% \sim 70\%$，积分时间 $T_I = 0.4 \sim 3$ min。

$E(k-1) = K_I(k) - K(k-1)$，$k = 0,1,2,\cdots,n$。

一次回风阀开度（%）$= 100(\%)$ − 二次回风阀开度（%）-新风阀开度（%）。

其中，新风阀开度取最小值。

4）新风、一次回风、排风、二次回风阀控制：

采用冬季过渡季、夏季过渡季、夏季室外温度与室内温度设定值的偏差来控制新风、一次回风、排风、二次回风阀开度。

（1）新风阀控制

设偏差 $e = t - t_{No}$；$e(k) = t(k) - t_{No}$，$k = 0,1,2,\cdots,n$；

$e \leqslant t'_{Wd} - t_{No}$，$K_X = m$；$t'_{Wd} - t_{No} < e < t_{Lo} - t_{No}$，$K_X = \dfrac{1-m}{t_{Lo} - t_{Wd'}} e - \dfrac{(1-m)(t_{Wd'} - t_{No})}{t_{Lo} - t_{Wd'}} + m$；

$t_{Lo} - t_{No} \leqslant e \leqslant 0$，$K_X = 1$；$O < e$，$K_X = m$。

上述分段曲线即 $K_X(k) = f[e(K)]$。

（图 1.40 是 K_X 与 e 的关系图）

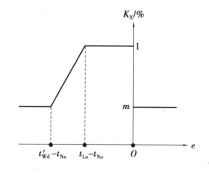

图 1.40 K_X 与 e 的关系图

上式中：K_X——新风阀开度动态设定值，%；

t_{No}——夏季室内温度设定值，℃；

t——夏季室外温度测量值，℃；

t_{Lo}——夏季表冷器后温度设定值（℃）；

m——新风阀开度最小值，%；

t_{So}——夏季送风温度设定值，℃；

t'_{Wd}——新风预热后温度设定值，℃。

由空调理论知：$t'_{Wd} = t_{No} - \dfrac{t_{No} - t_{So}}{G_X / G}$。

（注：G_X / G 为新风风量与送风风量之比）

设偏差 $E = K_X - K'_X$；$E(k) = K_X(k) - K'_X(k)$，$k = 0,1,2,\cdots,n$。

式中：K_X'——新风阀开度测量值，%。

新风阀开度增量 $\Delta K_X(k) = AE(k) + BE(k-1)$，$k = 0,1,2,\cdots,n$。

其中：$A = K_P + K_I$，$B = -K_P$；

式中：K_P——比例系数，$K_P = \dfrac{1}{\delta}$，δ 为比例带；

K_I——积分系数，$K_I = K_P T / T_I$，T 为时间常数；

T, δ, T_I 可取经验值：$T = 15 \sim 20$ s，$\delta = 20\% \sim 60\%$，积分时间 $T_I = 3 \sim 10$ min。

$E(k-1) = K_X(k) - K'_X(k-1)$，$k = 0,1,2,\cdots,n$。

（2）一次回风阀控制

由一次回风阀开度（%）+ 新风阀开度（%）$= 100(\%)$ 得，

一次回风阀开度（%）$= 100(\%)$ − 新风阀开度（%）。

一次回风阀开度增量 $\Delta K_{\mathrm{h}}(k)=-\Delta K_{\mathrm{X}}(k)$，$k=0,1,2,\cdots,n$。

（3）排风阀控制

由排风阀开度（％）＋一次回风阀开度（％）＝ 100（％）得，

排风阀开度（％）＝ 100（％）－一次回风阀开度（％）。

排风阀开度增量 $\Delta K_{\mathrm{P}}(k)=-\Delta K_{\mathrm{h}}(k)$，$k=0,1,2,\cdots,n$。

（4）二次回风阀控制

冬季、冬季过渡季、夏季过渡季二次回风阀开度为零。

夏季二次回风阀控制方法见本节的再热控制方法。

综上所述，新风阀控制方法如下。

冬季（供蒸汽）：室外温度 $t\le t'_{\mathrm{Wd}}$，$K_{\mathrm{X}}=m$；

冬季过渡季（供蒸汽）：$t'_{\mathrm{Wd}}<t<t_{\mathrm{Lo}}$，

$$K_{\mathrm{X}}=\frac{1-m}{t_{\mathrm{Lo}}-t'_{\mathrm{Wd}}}e-\frac{(1-m)(t'_{\mathrm{Wd}}-t_{\mathrm{No}})}{t_{\mathrm{Lo}}-t'_{\mathrm{Wd}}}+m ;$$

夏季过渡季（供冷水、供蒸汽）：$t_{\mathrm{Lo}}\le t\le t_{\mathrm{No}}$，$K_{\mathrm{X}}=1$；

夏季（供冷水、供蒸汽）：$t_{\mathrm{No}}<t$，$K_{\mathrm{X}}=m$。

5）预热阀控制

同 1.2 节预热阀控制。

6）送风机频率控制

同 1.2 节送风机频率控制。

7）回风机频率控制

同 1.2 节回风机频率控制。

8）联锁控制

冬季、冬季过渡季、夏季过渡季二次回风阀开度为零。

冬季：开机时，送、回风机开，新、排风阀开，一次回风阀关，预热阀、加热阀、蒸汽加湿阀开；关机时，先关预热阀、加热阀、蒸汽加湿阀，延时 3 min 后关送、回风机，关新、排风阀，开一次回风阀。

冬季过渡季：开机时，送、回风机开，新、排风阀开，一次回风阀关，加热阀、蒸汽加湿阀开；关机时，先关加热阀、蒸汽加湿阀，延时 3 min 后关送、回风机，关新、排风阀，开一次回风阀。

夏季过渡季：开机时，送、回风机开，新、排风阀开，回风阀关，冷水阀、高压微雾加湿阀/蒸汽加湿阀开。关机时，先关冷水阀、高压微雾加湿阀/蒸汽加湿阀，延时 3 min 后关送、回风机，关新、排风阀，开一次回风阀。

夏季：开机时，送、回风机开，新、排风阀及二次回风阀、冷水阀开，一次回风阀关；关机时，先关冷水阀、二次回风阀，延时 3 min 后关送、回风机，关新、排风阀，开一次回风阀。

消防联锁：收到消防报警信号后，立刻按各个季节关机联锁。

防冻联锁：防冻开关报警（+5 ℃）后，加热阀开度开至1%。

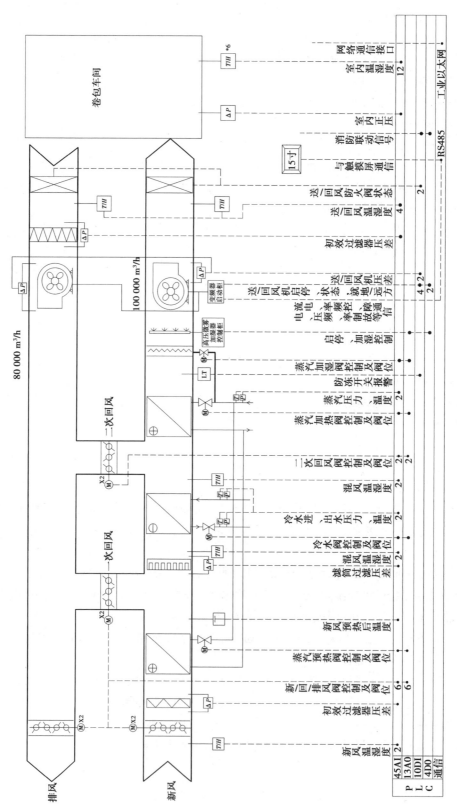

图1.37 二次回风恒温温湿空调系统控制原理图

1.8　实验室风冷热泵式恒温恒湿空调系统全年多工况(动态分区)控制模型

1.8.1　实验室风冷热泵式恒温恒湿空调系统的组成

实验室风冷热泵式恒温恒湿空调系统如图 1.41、图 1.42 所示。(图 1.41/图 1.42 见本节后附图)。

实验室风冷热泵式恒温恒湿空调系统由新风预热段,混和段(含初效过滤器)、室内机段(配室外机)、中间段、电加热段、电极加湿段、送风机段组成。

设置新风、混风、表冷器后、送风、室内温湿度传感器;新风预热后温度传感器、初效过滤器压差开关、送风机压差开关;新风预热电加热开关、涡旋压缩机变频器、回油电磁阀、电子膨胀阀、四通换向阀、电加热器可控硅、电热加湿器可控硅、送风机变频器、室外机风机 PWM 调节器,新、回风电动调节风阀,送、回风防火阀(带电信号输出),触摸屏,PLC 控制器。

1.8.2　控制方法改进

以前,仅由室内温湿度测量值与设定值的偏差信号来控制压缩机频率、回油电磁阀单位时间通断时间、电子膨胀阀脉冲数、电加热器可控硅单位时间通断时间、电热加湿器可控硅单位时间通断时间。由于房间围护结构的热惰性对室内温度有延迟作用,故出现外部或内部温度扰动时,调节机构不能及时调节冷/热量,室内温度控制精度差。

现在由于实行了动态分区,由室内温湿度测量值与设定值的偏差信号来动态设定送风温湿度的设定值,再由送风温湿度的测量值与设定值的偏差信号来控制变频涡旋压缩机频率、回油电磁阀单位时间通断时间、电子膨胀阀脉冲数、电加热器可控硅单位时间通断时间、电热加湿器可控硅单位时间通断次数,因此在出现外部或内部温度扰动时,调节机构能及时调节冷/热量,室内温度控制精度得到改善。

1.8.3　控制目标

实现房间温湿度恒定,在满足卫生要求的最小新风量下尽可能节省运行费用。

1.8.4　控制对象及方法

1.阀门控制

采用动态分区来控制电加热器可控硅、电热加湿器可控硅、四通换向阀、变频涡旋压缩机、回油电磁阀、电子膨胀阀、室外机风机。

2.动态分区图及说明

同如图 1.2 所示动态分区图及说明。

3. 控制方法

1) Ⅰ区(加热加湿)

(1)加热控制1

室外温度不小于-10 ℃,四通换向阀处于制热状态。由冬季室内温度设定值与测量值的偏差信号推算出冬季送风温度动态设定值,由冬季送风温度测量值与动态设定值的偏差信号及变频涡旋压缩机的频率下限来分程控制变频涡旋压缩机的频率及回油电磁阀单位时间通断时间,实现对房间的恒温控制。若制热量大,可通过通信由 N 个模块同步分程控制变频涡旋压缩机的频率及回油电磁阀,实现房间恒温控制($N = 1 \sim 8$);由模块测量电流与额定电流的比例来控制模块投入台数(方法同本书第三章冷水机组运行台数控制)。

a. 变频涡旋压缩机频率控制。

设偏差 $e = t_{No} - t_N$;$e(k) = t_{No} - t_N(k)$,$k = 0, 1, 2, \cdots, n$;

$t_N(k) = t_{No}$;$e = 0$,$t_S = t_{So}$;$0 < e < t_{No} - t_{Wo}$,$t_S = t_{So} + \dfrac{t_{S\,max} - t_{So}}{t_{No} - t_{Wo}} e$;$t_{No} - t_{Wo} \leq e$,$t_S = t_{S\,max}$。

上述分段曲线即 $t_S = f(e) = f\left[e(k)\right]$。

(图 1.44 是 t_S 与 e 的关系图)

上式中:t_N——冬季室内温度测量值,℃;

$\qquad t_{No}$——冬季室内温度设定值,℃;

$\qquad t_S$——冬季送风温度动态设定值,℃;

$\qquad t_{So}$——冬季送风温度设定值,℃;

$\qquad t_{Wo}$——冬季室外温度设定值,℃;

$\qquad t_{S\,max}$——冬季送风温度最大值,℃。

设偏差 $e' = t_S' - t_S$;$e'(k) = t_S(k) - t_S(k)$,$k = 0, 1, 2, \cdots, n$;$e' \leq t_{Wo} - t_{So}$,$f_o = 50$;$t_{Wo} - t_{So} < e' < t_{No} - t_{So}$,$f_o = 50 - \dfrac{34\left[e' - (t_{Wo} - t_{So})\right]}{t_{No} - t_{Wo}}$;$t_{No} - t_{So} \leq e' \leq 0$,$f_o = 16$;$e' > 0$,$f_o = 0$。

上述分段曲线即 $f_o = \phi(e')$。

(图 1.44 是 f_o 与 e' 的关系图)

由上述可知:$f_o = \phi(e')$ 为分段线性函数,可作为变频涡旋压缩机频率动态设定值。

上式中:t_S'——送风温度测量值,℃;

设偏差 $E = f_o - f$;$E(k) = f_o(k) - f(k)$,$k = 0, 1, 2, \cdots, n$。

式中:f——变频涡旋压缩机频率测量值。

变频涡旋压缩机频率增量 $\Delta f(k)$:$\Delta f(k) = AE(k) + BE(k-1)$。

其中:$A = K_P + K_I$,$B = -K_P$;

式中:K_I——积分系数,$K_I = K_P / T_I$,T 为时间常数;

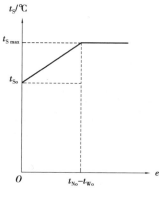

图 1.43 t_S 与 e 的关系图

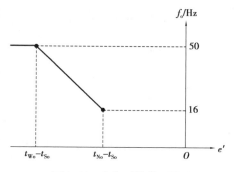

图 1.44 f_o 与 e' 的关系图

K_P——比例系数，$K_P=\dfrac{1}{\delta}$，δ 为比例带；

T,δ,T_1 可取经验值：$T=3\sim10\ \text{s}$，$\delta=30\%\sim70\%$，积分时间 $T_1=0.4\sim3\ \text{min}$。

$E(k-1)=f_o(k)-f(k-1)$，$k=0,1,2,\cdots,n$。

b. 制热时回油电磁阀控制。

设偏差 $e'=t'_S-t_S$；$e'(k)=t'_S(k)-t_S(k)$，$k=0,1,2,\cdots,n$；

$e'\leqslant t_{No}-t_{So}$，$N_1=1$；$t_{No}-t_{So}<e'<0$，$N_1=1+\dfrac{e'-(t_{No}-t_{So})}{t_{No}-t_{So}}$；$0<e'$，$N_1=0$。

上述分段曲线即 $N_1=f[e'(k)]$。

（图 1.45 是 N_1 与 e' 的关系图）

时间常数 $T=3\sim10\ \text{s}$。

上述分段曲线 $N_1=f[e'(k)]$ 可作为制热时回油电磁阀单位时间/通断时间。回油电磁阀单位时间/通断时间越长，送风温度越低，制热量越短；回油电磁阀单位时间/通断时间越小，送风温度越高，制热量越大；回油电磁阀开度与其单位时间通断次数成正比。

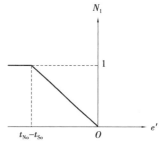

图 1.45　N_1 与 e' 的关系图

c. 室外机过热度控制。

用室外机过热度设定值与测量值的偏差信号来控制直动式电子膨胀阀脉冲数。若制热量大，通过通信 N 个模块同步控制直动式电子膨胀阀脉冲数（$N=1\sim8$）。冷媒 R410A 室外机过热度设定值 $\Delta t_o=3\sim7\ ℃$，取 $\Delta t_o=5\ ℃$，$t_W=-10\ ℃$，$t_z=-20\ ℃$（室外机蒸发温度比室外温度低 $10\ ℃$），t_z 测量范围为 $-20\sim10\ ℃$（单级压缩吸汽温度不超过 $15\ ℃$，室外机过热度 $\Delta t_o=5\ ℃$，$t_z=t_j-\Delta t_o=15-5=10\ ℃$），查 R410A 冷媒温度压力对照表，可作出蒸发温度 t 与蒸发饱和压力 p 的分段线性函数 $t=f(p)$。

温度 $t/℃$	绝对压力 P/MPa	$t=f(p)$
−23	0.363	$t=-23+71.429(p-0.363)$
−22	0.375	
−21	0.391	$0.363<p<0.391$ 　(1)
−20	0.404	$t=-21+68.182(p-0.391)$
−19	0.424	
−18	0.435	$0.391\leqslant p\leqslant0.453$ 　(2)
−17	0.453	$t=-17+66.667(p-0.453)$
−16	0.468	
−15	0.483	$0.453<p<0.483$ 　(3)
−14	0.504	$t=-15+54.596(p-0.483)$
−13	0.52	
−12	0.538	$0.483\leqslant p\leqslant0.538$ 　(4)
−11	0.556	$t=-12+48.781(p-0.538)$
−10	0.579	$0.538<p<0.579$ 　(5)

t	p	分段函数	编号
-10	0.579	$t=-10+51.282(p-0.579)$ $0.579\leqslant p\leqslant0.618$	(6)
-9	0.598		
-8	0.618	$t=-8+47.619(p-0.618)$ $0.618<p<0.66$	(7)
-7	0.639		
-6	0.66	$t=-6+44.44(p-0.66)$ $0.66\leqslant p\leqslant0.705$	(8)
-5	0.682		
-4	0.705	$t=-4+42.553(p-0.705)$ $0.705<p<0.752$	(9)
-3	0.728		
-2	0.752	$t=-2+39.216(p-0.752)$ $0.752\leqslant p\leqslant0.803$	(10)
-1	0.777		
0	0.803	$t=20.833(p-0.803)$ $0.803\leqslant p\leqslant0.851$	(11)
1	0.823		
2	0.851	$t=2+38.462(p-0.851)$ $0.851<p<0.903$	(12)
3	0.879		
4	0.903	$t=4+33.898(p-0.903)$ $0.903\leqslant p\leqslant0.962$	(13)
5	0.937		
6	0.962	$t=6+34.483(p-0.962)$ $0.962<p<1.02$	(14)
7	0.994		
8	1.02	$t=8+28.57(p-1.02)$ $1.02\leqslant p\leqslant1.09$	(15)
9	1.05		
10	1.09		

室外机出汽管设有压力传感器、温度传感器,由压力测量值查 $t=f(p)$ 分段函数,求出对应的蒸发温度 t_z,室外机过热度测量值

$$\Delta t=t_j-t_z,$$

式中: t_j——室外机出汽管温度传感器对应的吸汽温度。

$\Delta t_o=5\ ℃$; $\Delta t(k)=t_j(k)-t_z(k)$, $k=0,1,2,\cdots,n$。

设偏差 $e''=\Delta t_o-\Delta t$; $e''(k)=\Delta t_o-\Delta t(k)$, $k=0,1,2,\cdots,n$;

$e''\leqslant0$, $N_{20}=0$; $0<e''<\Delta t_o$, $N_{20}=\dfrac{1}{\Delta t_o}e''$; $e''\geqslant\Delta t_o$, $N_{20}=1$。

上述分段曲线即, $N_{20}=f[e''(k)]$。

(图 1.46 是 N_{20} 与 e'' 的关系图)

上式中: N_{20}——电子膨胀阀脉冲数与额定脉冲数的比值,电子膨胀阀全开对应的额定脉冲数为 240, $n=N_{20}\cdot240$;

n——电子膨胀阀脉冲数,时间常数 $T=3\sim10\ s$。

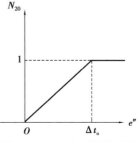

图 1.46　N_{20} 与 e'' 的关系图

d. 室外机除霜控制。采用变频涡旋压缩机低速运转、电加热器补偿加热来克服室外机盘管结霜对室内温度的影响。室外温度 $-5\sim7\ ℃$,室外相对湿度不小于 65% 时,室外机盘管易结霜。室外机蒸发温度为 $(-5-10=)-15\ ℃$(室外机蒸发温度比室外温度低 10 ℃)、室外机盘管温度为 $-14\ ℃$、室外(新风)相对湿度不小于 65% 时,风冷直膨机仍以热泵方式运行,仅变频涡旋压缩机以频率下限 16 Hz 运行,由室内温度测量值与设定值推算出送风温度动态设定值,再用送风

温度测量值与动态设定值的偏差信号来控制电加热器可控硅单位时间通断时间,实现对房间的恒温控制。室外机蒸发温度为$(7-10) = -3\ ℃$(室外机蒸发温度比室外温度低 $10\ ℃$)、室外机盘管温度为$-2\ ℃$时,室外机除霜控制结束。若制热量大,可通过通信由 N 个模块同步控制室外机除霜($N = 1 \sim 8$)。

(2)加热控制 2

室外温度小于$-10\ ℃$,由冬季室内温度测量值与设定值的偏差信号推算出冬季送风温度动态设定值,由冬季送风温度测量值与动态设定值的偏差信号来控制电加热器单位时间通断时间,实现对房间的恒温控制。

设偏差 $e = t_{No} - t_N$;$e(k) = t_{No} - t_N(k)$,$k = 0,1,2,\cdots,n$;$t_N(k) = t_{No}$;

$e = 0, t_S = t_{So}$;$0 < e < t_{No} - t_{Wo}, t_S = t_{So} + \dfrac{t_{S\max} - t_{So}}{t_{No} - t_{Wo}} e$;$t_{No} - t_{Wo} \le e, t_S = t_{S\max}$。

上述分段曲线即 $t_S = f(e) = f[e(k)]$。

(图 1.46 是 t_S 与 e 的关系图)

设偏差 $e = t'_S - t_S$;$e(k) = t'_S(k) - t_S(k)$,$k = 0,1,2,\cdots,n$;

$e \le -t_{So}, N_1 = 1$;$-t_{So} < e < 0, N_1 = -\dfrac{1}{t_{So}} e$;$e \ge 0, N_1 = 0$。

上述分段曲线即 $N_1 = f[e(k)]$。

(图 1.47 是 N_1 与 e 的关系图)

上式中:N_1——电加热器可控硅单位时间/通断时间,%;

　　　t_S——冬季送风温度测量值,时间常数 $T = 3 \sim 10\ s$。

(3)加热控制 3

室外温度不小于$-10\ ℃$,热泵加热量不足,由冬季室内温度测量值与设定值的偏差信号推算出冬季送风温度动态设定值,由冬季送风温度测量值与动态设定值的偏差信号同时进行热泵与电加热器供热。

(4)加湿控制

由冬季室内绝对焓湿量测量值与设定值的偏差信号推算出冬季送风绝对含湿量动态设定值,由冬季绝对含湿量测量值与动态设定值的偏差信号来控制电热加湿器可控硅单位时间通断时间,实现对房间的恒湿控制。

设偏差 $e = d_{No} - d_N$;$e(k) = d_{No} - d_N(k)$,$k = 0,1,2,\cdots,n$;

$d_N(k) = d_{No}$;

$e = 0, d_S = d_{So}$;$0 < e < d_{No} - d_{Wo}, d_S = d_{So} + \dfrac{(d_{S\max} - d_{So})}{d_{No} - d_{Wo}} \cdot e$;$d_{No} - d_{Wo} \le e, d_S = d_{S\max}$。

上述分段曲线即 $d_S = f(e) = f[e(k)]$。

(图 1.48 是 d_S 与 e 的关系图)

上式中:d_N——冬季室内绝对含湿量测量值,g/kg;

　　　d_{No}——冬季室内绝对含湿量设定值,g/kg;

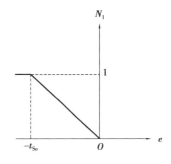

图 1.47　N_1 与 e 的关系图

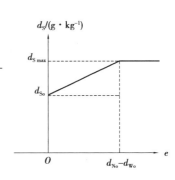

图 1.48　d_S 与 e 的关系图

d_S——冬季送风绝对含湿量动态设定值,g/kg;

d_{So}——冬季送风绝对含湿量设定值,g/kg;

d_{Wo}——冬季室外绝对含湿量设定值,g/kg;

$d_{S\,max}$——冬季送风绝对含湿量最大值,g/kg。

设偏差 $e' = d'_S - d_S$；$e'(k) = d'_S(k) - d_S(k)$，$k = 0,1,2,\cdots,n$；

$e' \leqslant -d_{So}, N_1 = 1; -d_{So} < e' < 0, N_1 = -\dfrac{1}{d_{So}}e'; 0 \leqslant e', N_1 = 0$。

上述分段曲线即 $N_1(k) = f[e'(k)]$。

（图 1.49 是 N_1 与 e' 的关系图）

式中：N_1——电热加湿器可控硅单位时间/通断时间,%；

d'_S——冬季送风绝对含湿量测量值(g/kg),时间常数 $T = $ 3 ~ 10 s。

2）Ⅱ区（冷却加湿）

四通换向阀处于制冷状态。

（1）冷却控制

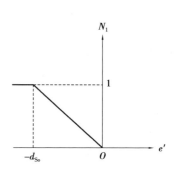

图 1.49 N_1 与 e' 的关系图

由夏季室内温度测量值与设定值的偏差信号推算出夏季送风温度动态设定值,用夏季送风温度测量值与动态设定值的偏差信号及变频涡旋压缩机频率下限来分程控制变频涡旋压缩机频率及回油电磁阀,实现对房间的恒温控制。若制冷量大,可通过通信由 N 个模块同步分程控制变频涡旋压缩机的频率及回油电磁阀单位时间通断时间,实现对房间的恒温控制($N = 1 \sim 8$),模块投入台数由模块运行电流与额定电流之比来控制(同本书第三章冷水机组运行台数控制)。

a. 变频涡旋压缩机的频率控制。

设偏差 $e = t_N - t_{No}$；$e(k) = t_N(k) - t_{No}$，$k = 0,1,2,\cdots,n$；

$t_N = t_{No}; e = 0, t_S = t_{So}; 0 < e < t_{Wo} - t_{No}, t_S = t_{So} + \dfrac{t_{S\,min} - t_{So}}{t_{Wo} - t_{No}}e; t_{Wo} - t_{No} \leqslant e, t_S = t_{S\,min}$。

上述分段曲线即 $t_S = f[e(k)]$。

（图 1.50 是 t_S 与 e 的关系图）

上式中：t_N——夏季室内温度测量值,℃；

t_{No}——夏季室内温度设定值,℃；

t_S——夏季送风温度动态设定值,℃；

t_{So}——夏季送风温度设定值,℃；

t_{Wo}——夏季室外温度设定值,℃；

$t_{S\,min}$——夏季送风温度最小值,℃。

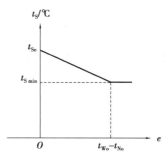

图 1.50 t_S 与 e 的关系图

设偏差 $e' = t'_S - t_S$(t'_S——送风温度测量值)；$e'(k) = t'_S(k) - t_S(k)$，$k = 0,1,2,\cdots,n$；

$e' < 0, f_1 = 0; 0 \leqslant e' \leqslant t_{No} - t_{So}, f_1 = 16; t_{No} - t_{So} < e' < t_{Wo} - t_{So}, f_1 = 16 + \dfrac{34[e' - (t_{No} - t_{So})]}{t_{Wo} - t_{No}}$；

$e' \geqslant t_{Wo} - t_{So}, f_1 = 50$ Hz。

上述分段曲线即 $f_1 = \phi(e')$。

（图 1.51 是 f_1 与 e' 的关系图）

由上述可知 $f_1 = \phi(e')$ 为分段函数，以此作为涡旋压缩机频率动态设定值。

设偏差 $E = f_1 - f$；$E(k) = f_1(k) - f(k)$，$k = 0, 1, 2, \cdots, n$。

（f——涡旋压缩机频率测量值）

涡旋压缩机频率增量 $\Delta f(k)$：$\Delta f(k) = AE(k) + BE(k-1)$。

其中：$A = K_P + K_I$，$B = -K_P$；

式中：K_I——积分系数，$K_I = K_P/T_I$，T 为时间常数；

K_P——比例系数，$K_P = \dfrac{1}{\delta}$，δ 为比例带；

T, δ, T_I 可取经验值：$T = 3 \sim 10$ s，$\delta = 30\% \sim 70\%$，积分时间 $T_I = 0.4 \sim 3$ min。

$E(k-1) = f_1(k) - f(k-1)$，$k = 0, 1, 2, \cdots, n$。

b. 制冷时回油电磁阀控制。

设偏差 $e' = t'_S - t_S$；$e'(k) = t'_S(k) - t_S(k)$，$k = 0, 1, 2, \cdots, n$。

$e' < 0$，$N_1 = 0$；$0 \leqslant e' \leqslant t_{No} - t_{So}$，$N_1 = \dfrac{1}{t_{No} - t_{So}} e'$；$e' > t_{No} - t_{So}$，$N_1 = 1$。

式中　t'_S——夏季送风温度测量值，℃。

上述分段曲线即 $N_1 = f[e'(k)]$。

（图 1.52 是 N_1 与 e' 的关系图）

式中：N_1——回油电磁阀单位时间/通断时间，%。

回油电磁阀单位时间通断时间越大，送风温度越高，制冷量越小；回油电磁阀单位时间通断时间越小，送风温度越低，制冷量越大。

c. 室内机过热度控制。

由室内机过热度设定值与测量值的偏差信号来控制直动式电子膨胀阀脉冲数。若制冷量大，可通过通信由 N 个模块同步控制直动式电子膨胀阀脉冲数（$N = 1 \sim 8$）。

冷媒 410A 室内机过热度设定值 $\Delta t_o = 5 \sim 10$ ℃、取 $\Delta t_o = 5$ ℃，

蒸发温度 $t_z = 0 \sim 5$ ℃、取 $t_z = 0$ ℃、室内机出汽管设有压力传感器、温度传感器，由压力测量值查 $t = f(p)$ 分段函数，求出对应的蒸发温度 t_z，室内机过热度测量值 $\Delta t = t_j - t_z$。

其中：t_j 为室外机出汽管温度传感器对应的吸汽温度，$\Delta t(k) = t_j(k) - t_z(k)$，$k = 0, 1, 2, \cdots, n$。

设偏差 $e'' = \Delta t_o - \Delta t$；$e''(k) = \Delta t_o - \Delta t(k)$，$k = 0, 1, 2, \cdots, n$；

$e'' < 0$，$N_{20} = 0$；$0 \leqslant e'' \leqslant \Delta t_o$，$N_{20} = \dfrac{1}{\Delta t_o} e''$；$e'' > \Delta t_o$，$N_{20} = 1$。

上述分段曲线即 $N_{20} = f[e''(k)]$。

（图 1.53 是 N_{20} 与 e'' 的关系图）

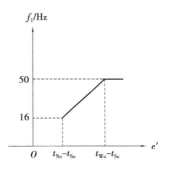

图 1.51　f_1 与 e' 的关系图

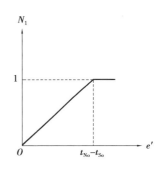

图 1.52　N_1 与 e' 的关系图

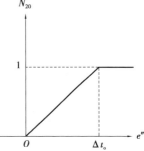

图 1.53　N_{20} 与 e'' 的关系图

上式中:N_{20}——电子膨胀阀脉冲数与额定脉冲数的比值,电子膨胀阀全开对应的额定脉冲数
为240,电子膨胀阀脉冲数 $n = N_{20} \times 240$;

n——电子膨胀阀脉冲数,时间常数 $T = 3 \sim 10$ s。

d. 室外机风机转速控制。

供热:室外机风机额定转速运行,以延迟冬季室外机结霜。

供冷:可由夏季室外机盘管冷凝压力测量值与设定值的偏差控制室外机风机转速。若制冷量大,可通过通信由 N 个模块同步控制室外机风机转速($N = 1 \sim 8$)。

设偏差 $e = P_c - P_{co}$;$e(k) = P_c(k) - P_{co}$,$k = 0, 1, 2, \cdots, n$;

$e < -P_{co}$,$N_2 = 0$;$-P_{co} \leq e \leq 0$,$N_2 = \dfrac{1}{P_{co}}(e + P_{co})$;$e > 0$,$N_2 = 1$。

上述分段曲线即 $N_2 = f[e(k)]$。

(图 1.54 是 N_2 与 e 的关系图)

上式中:P_c——夏季室外机盘管冷凝压力测量值[bar(G)];

P_{co}——夏季室外机盘管冷凝压力设定值[bar(G)];

N_2——室外机风机转速与额定转速比值,由 N_2 计算出
室外机风机转速 $n_2 = N_2 N_o$;

n_2——室外机风机转速,rpm;

N_o——室外机风机额定转速,rpm,$N_o = 2\ 000$(rpm)。

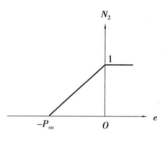

图 1.54　N_2 与 e 的关系图

(2)加湿控制

由夏季室内绝对含湿量测量值与设定值的偏差信号推算出夏季送风绝对含湿量动态设定值,由夏季送风绝对含湿量测量值与动态设定值的偏差信号来控制电热加湿器可控硅单位时间通断时间,实现对房间的恒湿控制。

设偏差 $e = d_{No} - d_N$;$e(k) = d_{No} - d_N(k)$,$k = 0, 1, 2, \cdots, n$;

$d_N(k) = d_{No}$,$e = 0$,$d_S = d_{So}$;$0 < e < d_{No} - d_{Wo}$,$d_S = d_{So} + \dfrac{d_{S\,max} - d_{So}}{d_{No} - d_{Wo}} e$;$d_{No} - d_{Wo} \leq e$,$d_S = d_{S\,max}$。

上述分段曲线即 $d_S = f(e) = f[e(k)]$。

(图 1.55 是 d_S 与 e 的关系图)

式中:d_N——夏季室内绝对含湿量测量值,g/kg;

d_{No}——夏季室内绝对含湿量设定值,g/kg;

d_S——夏季送风绝对含湿量动态设定值,g/kg;

d_{So}——夏季送风绝对含湿量设定值,g/kg;

d_{Wo}——夏季室外绝对含湿量设定值,g/kg;

$d_{S\,max}$——夏季送风绝对含湿量最大值,g/kg。

设偏差 $e' = d'_S - d_S$;$e'(k) = d'_S(k) - d_S(k)$,$k = 0, 1, 2, \cdots, n$;

$e' < -d_{So}$,$N_1 = 1$;$-d_{So} \leq e' \leq 0$,$N_1 = -\dfrac{1}{d_{So}} e'$;$0 < e'$,$N_1 = 0$。

上述分段曲线即 $N_1(k) = f[e'(k)]$。

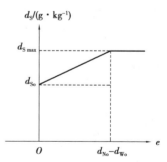

图 1.55　d_S 与 e 的关系图

（图 1.56 是 N_1 与 e' 的关系图）

式中：N_1——电热加湿器可控硅单位时间/通断时间，%；

　　　d'_S——夏季送风绝对含湿量测量值，g/kg。

3）Ⅲ区（冷却除湿再热）

四通换向阀处于制冷状态。

（1）冷却除湿控制

由夏季室内温度测量值与设定值的偏差信号推算出夏季送风温度动态设定值，由夏季送风温度测量值与动态设定值的偏差信号来计算变频涡旋压缩机频率。

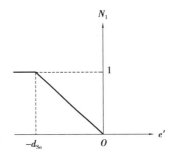

图 1.56　N_1 与 e' 的关系图

由夏季室内绝对含湿量测量值与设定值的偏差信号推算出夏季送风绝对含湿量动态设定值，由夏季送风绝对含湿量测量值与动态设定值的偏差信号来计算变频涡旋压缩机频率。

选择上述两个频率中的大者作为变频涡旋压缩机频率动态设定值，再根据变频涡旋压缩机频率测量值与动态设定值的偏差信号及变频涡旋压缩机的频率下限来分程控制变频涡旋压缩机的频率及回油电磁阀单位时间通断时间，实现对房间的恒温恒湿控制。若制冷量大，可通过通信由 N 个模块同步分程控制变频涡旋压缩机的频率及回油电磁阀单位时间通断时间，实现对房间的恒温恒湿控制（$N=1\sim8$），模块投入台数控制同Ⅱ区（冷却加湿）模块投入台数控制。

a. 冷却降温控制。同Ⅱ区冷却控制，可推算出 1 个压缩机频率 f'_1。

b. 冷却除湿控制。

（a）变频涡旋压缩机频率控制。

设偏差 $e=d_N-d_{No}$；$e(k)=d_N(k)-d_{No}$，$k=0,1,2,\cdots,n$；

$d_N(k)=d_{No}$，$e=0$，$d_S=d_{So}$；$0<e<d_{Wo}-d_{No}$，$d_S=d_{So}+\dfrac{d_{S\min}-d_{So}}{d_{Wo}-d_{No}}e$；$d_{Wo}-d_{No}\leqslant e$，$d_S=d_{S\min}$。

上述分段曲线即 $d_S=f(e)=f[e(k)]$。

（图 1.57 是 d_S 与 e 的关系图）

上式中：d_N——夏季室内绝对含湿量测量值，g/kg；

　　　d_{No}——夏季室内绝对含湿量设定值，g/kg；

　　　d_S——夏季送风绝对含湿量动态设定值，g/kg；

　　　d_{So}——夏季送风绝对含湿量设定值，g/kg；

　　　d_{Wo}——夏季室外绝对含湿量设定值，g/kg；

　　　$d_{S\min}$——夏季送风绝对含湿量最小值，g/kg。

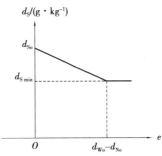

图 1.57　d_S 与 e 的关系图

设偏差 $e'=d'_S-d_S$；$e'(k)=d'_S(k)-d_S$，$k=0,1,2,\cdots,n$；

$e'<0$，$f''_1=0$；$0\leqslant e'\leqslant d_{No}-d_{So}$，$f''_1=\dfrac{1}{d_{No}-d_{So}}e'$；$d_{No}-d_{So}<e'$，$f''_1=1$。

上述分段曲线即 $f''_1=f(e')=f[e'(k)]$。

（图 1.58 是 f''_1 与 e' 的关系图）

上式中：d'_S——夏季送风绝对含湿量测量值；

f_1''——变频涡旋压缩机频率动态设定值。

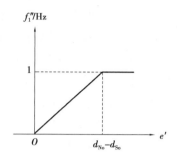

图 1.58　f_1'' 与 e' 的关系图

上述分段曲线 $f_1''=f[e'(k)]$，即由冷却除湿控制推算的一个变频涡旋压缩机频率 f_1''，比较 f_1' 与 f_1''，选择大者作为变频涡旋压缩机频率动态设定值 f_1。

设偏差 $E=f_1-f$；$E(k)=f_1(k)-f(k)$，$k=0,1,2,\cdots,n$。

式中：f——变频涡旋压缩机频率测量值。

变频涡旋压缩机频率增量：$\Delta f(k)=AE(k)+BE(k-1)$。

其中：$A=K_P+K_I$，$B=-K_P$；

式中：K_I——积分系数，$K_I=K_P/T_I$，T 为时间常数；

　　　K_P——比例系数，$K_P=\dfrac{1}{\delta}$，δ 为比例带；

T,δ,T_I 可取经验值：$T=3\sim10\text{ s}$，$\delta=30\%\sim70\%$，积分时间 $T_I=0.4\sim3\text{ min}$。

$E(k-1)=f_1(k)-f(k-1)$，$k=0,1,2,\cdots,n$。

（b）回油电磁阀控制。与制冷时回油电磁阀控制相同。

（c）室内机过热度控制。与冷却加湿控制相同。

（2）再热控制

由夏季室内温度测量值与设定值的偏差信号推算夏季送风温度动态设定值，由夏季送风温度测量值与动态设定值的偏差信号控制电加热器可控硅单位时间通断时间，实现对房间的恒温控制。

当进行冷却除湿，送风温度测量值低于送风温度动态设定值时才进行再热控制，冷却降温时不进行再热控制，因此变露点调节可节省部分再热电耗（与定露点调节相比），变露点调节优于定露点调节。

设偏差 $e=t_{No}-t_N$；$e(k)=t_{No}-t_N(k)$，$k=0,1,2,\cdots,n$；

$t_N(k)=t_{No}$，$e=0$，$t_S=t_{So}$；$0<e<t_{No}-t_{Wo}$，$t_S=t_{So}+\dfrac{t_{S\max}-t_{So}}{t_{No}-t_{Wo}}e$；$t_{No}-t_{Wo}\leqslant e$，$t_S=t_{S\max}$。

上述分段曲线即 $t_S(k)=f[e(k)]$。

（图 1.59 是 t_S 与 e 的关系图）

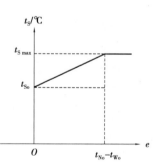

图 1.59　t_S 与 e 的关系图

上式中：t_N——夏季室内温度测量值，℃；

　　　　t_{No}——夏季室内温度设定值，℃；

　　　　t_S——夏季送风温度动态设定值，℃；

　　　　t_{So}——夏季送风温度设定值，℃；

　　　　t_{Wo}——夏季室外温度测量值，℃；

　　　　$t_{S\max}$——夏季送风温度最大值，℃。

设偏差 $e=t_S'-t_S$；$e(k)=t_S'(k)-t_S(k)$，$k=0,1,2,\cdots,n$；

$e\leqslant-t_{So}$，$N_1=1$；$-t_{So}<e<0$，$N_1=-\dfrac{1}{t_{So}}e$；$0\leqslant e$，$N_1=0$。

上述分段曲线即 $N_1(k)=f[e(k)]$。

（图 1.60 是 N_1 与 e 的关系图）

上式中：N_1——电加热器可控硅单位时间/通断时间，%；

　　　　t'_S——夏季送风温度测量值，℃，时间常数 $T = 3 \sim 10$ s。

4）新、回风阀控制

采用冬季、冬季过渡季、夏季过渡季、夏季室外温度与室内温度设定值的偏差来控制新、回风阀开度，方法同 1.2 节新、回风阀控制。

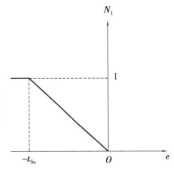

图 1.60　N_1 与 e 的关系图

综上所述，新风阀控制方法如下。

冬季（供热）：室外温度 $t \leq t'_{Wd}$，$K_X = m$；

冬季过渡季（供热）：$t'_{Wd} < t < t_{Lo}$，$K_X = \dfrac{1-m}{t_{Lo}-t'_{Wd}} e - \dfrac{(1-m)(t'_{Wd}-t_{No})}{t_{Lo}-t'_{Wd}} + m$；

夏季过渡季（供冷）：$t_{Lo} \leq t \leq t_{No}$，$K_X = 1$；

夏季（供冷）：$t_{No} < t$，$K_X = m$。

全新风时由房间自垂百叶排风。

5）新风预热控制

新风温度 $t < t'_{Wd}$，需根据室外温度 t 与新风预热温度设定值 t'_{Wd} 的偏差信号控制新风预热电加热器，实现新风预热控制。

设偏差 $e' = t - t'_{Wd}$；

$e'(k) = t(k) - t'_{Wd}$，$k = 0, 1, 2, \cdots, n$。

$e' < 0$，$N_r = 1$ 时，新风预热电加热器开；

$0 \leq e'$，$N_r = 0$ 时，新风预热电加热器关。

上述分段曲线即 $N_r(k) = f[e'(k)]$。

（图 1.61 是 N_r 与 e' 的关系图）

上式中：t'_{Wd}——新风预热后温度设定值，℃；

　　　　t——新风温度测量值，℃；

　　　　N_r——新风电加热器单位时间通断时间，%。

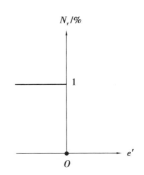

图 1.61　N_r 与 e' 的关系图

6）联锁控制

冬季：开机时，送风机开，新风阀开，回风阀关，新风电加热器、室内机/室外机、电加热器、电热加湿器开；关机时，先关新风电加热器、电加热器、电热加湿器，延时 3 min 后关送风机、关新风阀、开回风阀。

冬季过渡季：开机时，送风机开，新风阀开，回风阀关，室内机/室外机、电加热器、电热加湿器开；关机时，先关电加热器、电热加湿器，延时 3 min 后关送风机、关新风阀、开回风阀。

夏季过渡季：开机时，送风机开，新风阀开、回风阀关，室内机/室外机、电热加湿器开；关机时，关室内机/室外机、电热加湿器，延时 3 min 后关送风机、关新风阀、开回风阀。

夏季：开机时，送风机开，新风阀开，回风阀关，室内机/室外机、电加热器开；关机时，先关室内机/室外机、电加热器,延时 3 min 后关送风机、关新风阀、开回风阀。

高/低压保护、涡旋压缩机过热保护、相序保护、曲轴箱过热保护、排气温度过高保护由室内机/室外机控制器完成。

消防联锁:收到消防报警信号后,按各个季节关机联锁。

4. 空气绝对含湿量

由空气干球温度 t、相对湿度 φ 推算空气绝对含湿量 d。

空气绝对温度 $T = 273 + t(K)$,

空气饱和水蒸气压力 $P_b = 10^{30.590\,51 - 8.2\,\lg Tw + (2.480\,4 \times 10^{-3})T - \left[\frac{3\,142.31}{T}\right]}$ (Pa),

空气饱和绝对含湿量 $d_b = 0.622\dfrac{P_b}{B - P_b}$(g/kg,干空气)。

式中:B——当地大气压力,Pa;

空气绝对含湿量 $d = \varphi \cdot d_b$(g/kg,干空气)。

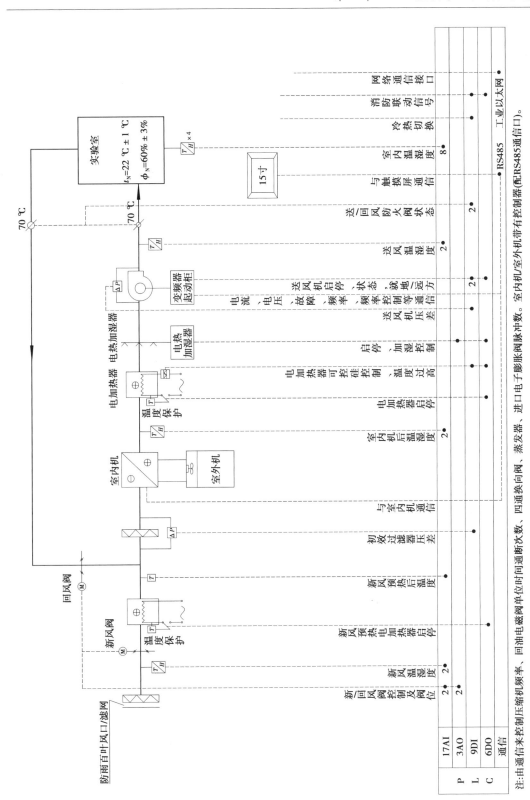

图1.41 实验室风冷热泵式恒温恒湿空调系统控制原理图(总体控制部分)

注:由通信来控制压缩机频率、回油电磁阀单位时间通断次数、四通换向阀、进口电子膨胀阀带控制器(配RS485通信口)。室内机/室外机带有控制器。室内机/室外机带控制器脉冲数。

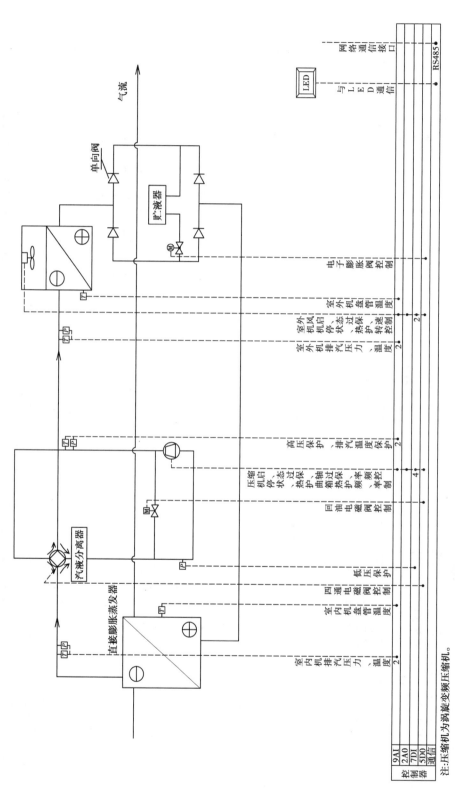

图1.42 实验室风冷热泵式恒温恒湿空调机控制原理图(室内机/室外机控制部分)

注:压缩机为涡旋变频压缩机。

1.9　实验室风冷低温热泵式恒温恒湿空调系统全年多工况(动态分区)控制模型

1.9.1　实验室风冷低温热泵式恒温恒湿空调系统的组成

实验室风冷低温热泵式恒温恒湿空调系统如图1.62、图1.63所示(图1.62/图1.63见本节后附图)

实验室风冷低温热泵式恒温恒湿空调系统由新风预热段、混和段(含初效过滤器)、室内机段(配室外机)、中间段、电加热段、电极加湿段、送风机段组成。

设置新风、混风、表冷器后、送风、室内温湿度传感器;新风预热后温度传感器、初效过滤器压差开关、送风机压差开关;新风预热电加热器开关、涡旋压缩机变频器、回油电磁阀、主/辅电子膨胀阀、四通换向阀、电加热器可控硅、电热加湿器可控硅、送风机变频器、室外机风机PWM调节器,新、回风电动调节风阀,送、回风防火阀(带电信号输出),触摸屏,PLC控制器。

1.9.2　控制方法改进

以前,仅由室内温湿度测量值与设定值的偏差信号来控制变频涡旋压缩机频率、回油电磁阀单位时间通断时间、电子膨胀阀脉冲数、电加热器可控硅单位时间通断时间、电热加湿器可控硅单位时间通断时间。由于房间围护结构的热惰性对室内温度有延迟作用,故出现外部或内部温度扰动时,调节机构不能及时调节冷/热量,室内温度控制精度差。

现在由于实行了动态分区,由室内温湿度测量值与设定值的偏差信号来动态设定送风温湿度的设定值,再由送风温湿度的测量值与设定值的偏差信号来控制变频涡旋压缩机频率、回油电磁阀单位时间通断时间、主/辅电子膨胀阀脉冲数、电加热器可控硅单位时间通断时间、电热加湿器可控硅单位时间通断时间,因此在出现外部或内部温度扰动时,调节机构能及时调节冷/热量,室内温度控制精度得到改善。

1.9.3　控制目标

实现房间温湿度恒定,在满足卫生要求的最小新风量下尽可能节省运行费用。

1.9.4　控制对象及方法

1.阀门控制

采用动态分区来控制电加热器可控硅、电热加湿器可控硅、四通换向阀、变频涡旋压缩机、回油电磁阀、主电子膨胀阀、辅电子膨胀阀、电磁阀、室外机风机。

2.动态分区图及说明

同如图1.2所示动态分区图及说明。

3.控制方法

1)Ⅰ区(加热加湿)

(1)加热控制1

室外温度不小于-30 ℃,四通换向阀处于制热状态。由冬季室内温度设定值与测量值的偏差信号推算出冬季送风温度动态设定值,由冬季送风温度测量值与动态设定值的偏差信号及变频涡旋压缩机的频率下限来分程控制变频涡旋压缩机的频率及回油电磁阀单位时间通断时间,实现对房间的恒温控制。若制热量大,可通过通信由 $N(N=1\sim8)$ 个模块同步分程控制变频涡旋压缩机的频率及回油电磁阀单位时间通断时间,实现对房间的恒温控制,模块投入台数同1.8节的模块投入台数控制。

a.变频涡旋压缩机频率控制。

同1.8节的变频涡旋压缩机频率控制。

b.制热时回油电磁阀控制。

同1.8节的制热时回油电磁阀控制。

c.室外机过热度控制。

由室外机过热度设定值与测量值的偏差信号来控制直动式电子膨胀阀脉冲数。若制热量大,可通过通信由 N 个模块同步控制直动式电子膨胀阀脉冲数($N=1\sim8$)。

冷媒 R410A 室外机过热度设定值 $\Delta t_o=3\sim5$ ℃,取 $\Delta t_o=5$ ℃,

$t_w=-30$ ℃,$t_z=-35$ ℃(室外机蒸发温度比室外温度低 5 ℃),t_z 的测量范围为 $-35-10$ ℃(单级压缩吸气温度不超过 15 ℃,室外机过热度 $\Delta t_o=5$ ℃,$t_z=t_j-\Delta t_o=15-5=10$ ℃),查 R410A 冷媒温度压力对照表,可作出蒸发温度 t 与蒸发饱和压力 p 的分段函数 $t=f(p)$。

温度 $t/℃$	绝对压力 P/MPa	$t=f(p)$	
-38	0.196	$t=-38+105.263(p-0.196)$	(16)
-37	0.206	$0.196\leqslant p\leqslant0.215$	
-36	0.215	$t=-36+100(p-0.215)$	(17)
-35	0.224	$0.215<p<0.243$	
-34	0.235	$t=-35+95.238(p-0.243)$	(18)
-33	0.243	$0.243\leqslant p\leqslant0.264$	
-32	0.255		
-31	0.264		
-30	0.275	$t=-31+90.909(p-0.264)$	(19)
-29	0.286	$0.264<p<0.286$	
-28	0.298	$t=-29+80(p-0.286)$	(20)
-27	0.311	$0.286\leqslant p\leqslant0.311$	
-26	0.324	$t=-27+86.957(p-0.311)$	(21)
-25	0.334	$0.311<p<0.344$	

−24	0.348	$\left.\begin{array}{c} t=-25+68.966(p-0.334) \\ 0.334 \leqslant p \leqslant 0.363 \end{array}\right\} (22)$
−23	0.363	$\left.\begin{array}{c} t=-23+71.429(p-0.363) \\ 0.363 < p < 0.391 \end{array}\right\} (23)$
−22	0.375	
−21	0.391	$\left.\begin{array}{c} t=-21+68.182(p-0.391) \\ 0.391 \leqslant p \leqslant 0.453 \end{array}\right\} (24)$
−20	0.404	
−19	0.424	
−18	0.435	
−17	0.453	$\left.\begin{array}{c} t=-17+66.667(p-0.453) \\ 0.453 < p < 0.483 \end{array}\right\} (25)$
−16	0.468	
−15	0.483	$\left.\begin{array}{c} t=-15+54.596(p-0.483) \\ 0.483 \leqslant p \leqslant 0.538 \end{array}\right\} (26)$
−14	0.504	
−13	0.52	
−12	0.538	$\left.\begin{array}{c} t=-12+48.781(p-0.538) \\ 0.538 < p < 0.579 \end{array}\right\} (27)$
−11	0.556	
−10	0.579	$\left.\begin{array}{c} t=-10+51.282(p-0.579) \\ 0.579 \leqslant p \leqslant 0.618 \end{array}\right\} (28)$
−9	0.598	
−8	0.618	$\left.\begin{array}{c} t=-8+47.619(p-0.618) \\ 0.618 < p < 0.66 \end{array}\right\} (29)$
−7	0.639	
−6	0.66	$\left.\begin{array}{c} t=-6+44.44(p-0.66) \\ 0.66 \leqslant p \leqslant 0.705 \end{array}\right\} (30)$
−5	0.682	
−4	0.705	$\left.\begin{array}{c} t=-4+42.553(p-0.705) \\ 0.705 < p < 0.752 \end{array}\right\} (31)$
−3	0.728	
−2	0.752	$\left.\begin{array}{c} t=-2+39.216(p-0.752) \\ 0.752 \leqslant p \leqslant 0.803 \end{array}\right\} (32)$
−1	0.777	
0	0.803	$\left.\begin{array}{c} t=20.833(p-0.803) \\ 0.803 \leqslant p \leqslant 0.851 \end{array}\right\} (33)$
1	0.823	
2	0.851	$\left.\begin{array}{c} t=2+38.462(p-0.851) \\ 0.851 < p < 0.903 \end{array}\right\} (34)$
3	0.879	
4	0.903	$\left.\begin{array}{c} t=4+33.898(p-0.903) \\ 0.903 \leqslant p \leqslant 0.962 \end{array}\right\} (35)$
5	0.937	
6	0.962	$\left.\begin{array}{c} t=6+34.483(p-0.962) \\ 0.962 < p < 1.02 \end{array}\right\} (36)$
7	0.994	
8	1.02	$\left.\begin{array}{c} t=8+28.57(p-1.02) \\ 1.02 \leqslant p \leqslant 1.09 \end{array}\right\} (37)$
9	1.05	
10	1.09	

制热时室外机出气管设有压力传感器、温度传感器,根据压力测量值查 $t=f(p)$ 分段函数,求出对应的蒸发温度 t_z,室外机过热度测量值

$$\Delta t = t_j - t_z$$

式中:t_j——制热时室外机出气管温度传感器对应的吸气温度;

$\Delta t_o = 3$ ℃,$\Delta t(k) = t_j(k) - t_z(k)$,$k = 0, 1, 2, \cdots, n$。

设偏差 $e=\Delta t_o-\Delta t$;$e(k)=\Delta t_o-\Delta t(k)$,$k=0,1,2,\cdots,n$;

$e\leqslant0$,$N_{20}=0$;$0<e<\Delta t_o$,$N_{20}=\dfrac{1}{\Delta t_o}e$;$e\geqslant\Delta t_o$,$N_{20}=1$。

上述分段曲线即 $N_{20}(k)=f[e(k)]$。

（图 1.64 是 N_{20} 与 e 的关系图）

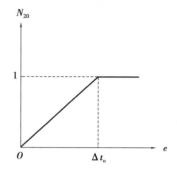

上式中:N_{20}——主电子膨胀阀脉冲数与额定脉冲数的比值。

主电子膨胀阀全开对应的额定脉冲数为 240,有:

$$n=N_{20}\cdot240$$

式中:n——主电子膨胀阀脉冲数。

d. 经济器过热度控制($t_w\leqslant-10$ ℃,电磁阀开)。

制热时经济器出气管设有压力传感器、温度传感器,由压力测量值查 $t=f(p)$ 分段函数,求出对应的蒸发温度 t_z。经济器过热度测量值 $\Delta t=t_j-t_z$,

图 1.64　N_{20} 与 e 的关系图

式中:t_j——制热时经济器出气管温度传感器对应的吸气温度。

$\Delta t_o=3$ ℃;$\Delta t(k)=t_j(k)-t_z(k)$,$k=0,1,2,\cdots,n$。

设偏差 $e=\Delta t_o-\Delta t$;$e(k)=\Delta t_o-\Delta t(k)$,$k=0,1,2,\cdots,n$;

$e\leqslant0$,$N_{20}=0$;$0<e<\Delta t_o$,$N_{20}=\dfrac{1}{\Delta t_o}e$;$e\geqslant\Delta t_o$,$N_{20}=1$。

分段曲线即 $N_{20}(k)=f[e(k)]$。

（如图 1.64 是 N_{20} 与 e 的关系图）

式中:N_{20}——辅电子膨胀阀脉冲数与额定脉冲数的比值。

辅电子膨胀阀全开对应的额定脉冲数为 240,有:

$$n=N_{20}\cdot240$$

式中:n——辅电子膨胀阀脉冲数。

当 $t_w>-10$ ℃时,电磁阀关,不进行经济器过热度控制。若制热量大,可通过通信由 N 个模块同步控制辅电子膨胀阀脉冲数($N=1\sim8$)。

e. 室外机除霜控制。

采用变频涡旋压缩机低速运转、电加热器补偿加热来克服室外机盘管结霜对室内温度的影响。室外温度-10～2 ℃、室外相对湿度不小于 65% 以上时,室外机盘管易结霜。室外机蒸发温度为(-10-5)= -15 ℃(室外机蒸发温度比室外温度低 5 ℃)、室外机盘管温度为-14 ℃、室外(新风)相对湿度不小于 65% 时,风冷直膨机仍以热泵方式运行,仅变频涡旋压缩机以频率下限 16 Hz 运行,由室内温度测量值与设定值推算出送风温度动态设定值,再由送风温度测量值与动态设定值的偏差信号来控制电加热器可控硅单位时间通断时间,来实现对房间的恒温控制。室外机蒸发温度为(2-5)= -3 ℃(室外机蒸发温度比室外温度低 5 ℃)、室外机盘管温度为-2 ℃时,室外机除霜控制结束。若制热量大,可通过通信由 N($N=1\sim8$)个模块同步控制室外机除霜。

（2）加热控制2

室外温度<-30 ℃，由冬季室内温度测量值与设定值的偏差信号推算出冬季送风温度动态设定值，由冬季送风温度测量值与动态设定值的偏差信号来控制电加热器单位时间通断时间，实现对房间的恒温控制。

设偏差 $e=t_{No}-t_N$；$e(k)=t_{No}-t_N(k)$，$k=0,1,2,\cdots,n$；$t_N(k)=t_{No}$，

$e=0$，$t_S=t_{So}$；$0<e<t_{No}-t_{Wo}$，$t_S=t_{So}+\dfrac{t_{S\,max}-t_{So}}{t_{No}-t_{Wo}}e$；$t_{No}-t_{Wo}\leqslant e$，$t_S=t_{S\,max}$。

（参见如图1.38所示 t_S 与 e 的关系图）

设偏差 $e'=t_S-t_{So}$；$e'(k)=t_S(k)-t_{So}$，$k=0,1,2,\cdots,n$；

$e'\leqslant-t_{So}$，$N_1=1$；$-t_{So}<e'<0$，$N_1=-\dfrac{1}{t_{So}}e'$；$e'\geqslant0$，$N_1=0$。

上述分段曲线即 $N_1=f[e'(k)]$。

（图1.65是 N_1 与 e 的关系图）

式中：N_1——电加热器可控硅单位时间通断时间；

　　　t_S——冬季送风温度测量值，时间常数 $T=3\sim10$ s。

（3）加热控制3

室外温度 $\geqslant-30$ ℃，热泵加热量不足，由冬季室内温度测量值与设定值的偏差信号推算出冬季送风温度动态设定值，由冬季送风温度测量值与动态设定值的偏差信号为依据同时进行热泵与电加热供热。

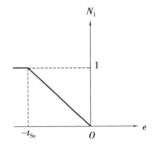

图1.65　N_1 与 e' 的关系图

（4）加湿控制

同1.8节的冬季加湿控制。

2）Ⅱ区（冷却加湿）

四通换向阀处于制冷状态，同1.8节的Ⅱ区（冷却加湿）。

3）Ⅲ区（冷却除湿再热）

四通换向阀处于制冷状态，同1.8节的Ⅲ区（冷却除湿再热）。

4）新、回风阀控制

采用冬季、冬季过渡季、夏季过渡季、夏季室外温度与室内温度设定值的偏差来控制新、回风阀开度，方法同1.2节的新、回风阀控制。

5）新风预热控制

新风温度 $t<t'_{Wd}$，需根据室外温度 t 与新风预热温度设定值 t'_{Wd} 的偏差信号控制新风预热电加热器，实现新风预热控制，方法同1.8节的新风预热控制。

6）联锁控制

冬季：开机时，送风机开，新风阀开、回风阀关，新风电加热器、室内机/室外机、电加热器、电热加湿器开；关机时，先关新风电加热器、室内机/室外机、电加热器、电热加湿器，延时3 min后关送风机、关新风阀、开回风阀。

冬季过渡季:开机时,送风机开,新风阀开、回风阀关,室内机/室外机、电热加湿器开;关机时,先关室内机/室外机、电热加湿器,延时 3 min 后关送风机、关新风阀、开回风阀。

夏季过渡季:开机时,送风机开,新风阀开、回风阀关,室内机/室外机、电热加湿器开;关机时,关室内机/室外机、电热加湿器,延时 3 min 后关送风机、关新风阀、开回风阀。

夏季:开机时,送风机开,新风阀开、回风阀关,室内机/室外机、电加热器开;关机时,先关室内机/室外机、电加热器,延时 3 min 后关送风机、关新风阀、开回风阀。

高/低压保护、变频涡旋压缩机过热保护、相序保护、曲轴箱过热保护、排气温度过高保护由室内机/室外机控制器完成。

消防联锁:收到消防报警信号后,按各个季节关机联锁。

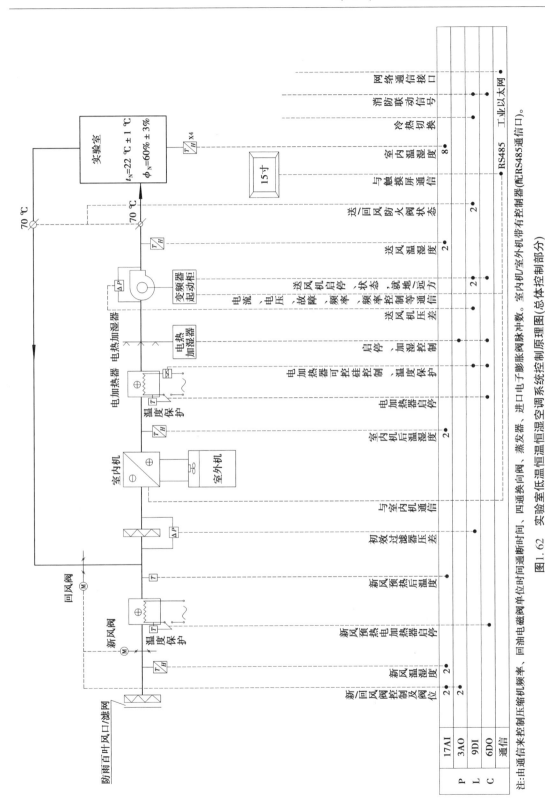

图 1.62　实验室低温恒温恒湿空调系统控制原理图(总体控制部分)

注:由通信来控制压缩机频率、回油电磁阀单位时间通断时间、四通换向阀、蒸发器、进口电子膨胀阀脉冲数。室内机/室外机带有控制器(配 RS485 通信口)。

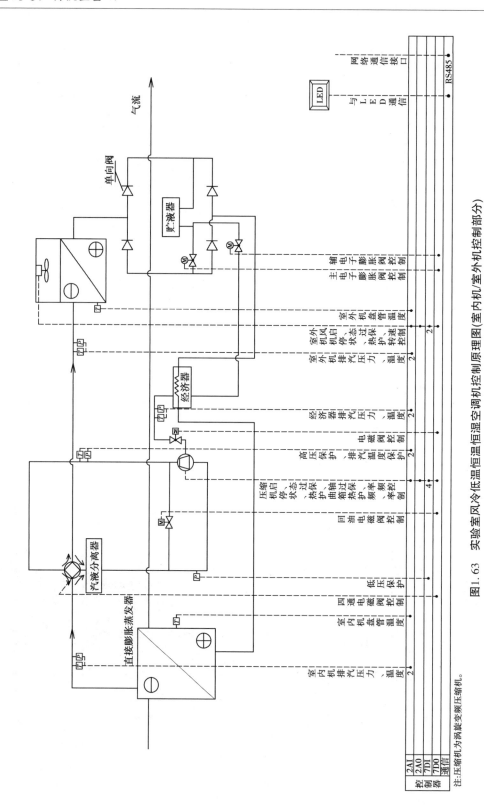

图1.63 实验室风冷低温恒温恒湿空调机控制原理图(室内机/室外机控制部分)

注:压缩机为涡旋变频压缩机。

1.10　实验室风冷恒温恒湿空调系统全年多工况(动态分区,热回收)控制模型

1.10.1　热回收节能原理

夏季,实验室风冷恒温恒湿空调系统由于优先进行房间绝对含湿量(相对湿度)控制,此时送风温度低于送风温度设定值,因此要对送风进行再热,使送风温度升高到送风温度设定值。如果再热利用电加热就会造成优质能源浪费,此时如果利用再热器与风冷冷凝器联合运行,利用制冷产生的冷凝热量来再热,则可节省大量运行费用,并满足恒温恒湿空调要求。

1.10.2　实验室风冷恒温恒湿空调系统流程(动态分区,热回收)

实验室风冷恒温恒湿空调系统流程,如图 1.66 所示。

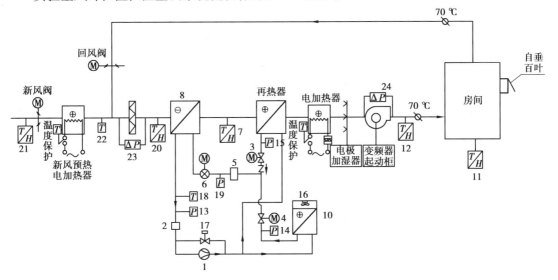

图 1.66　实验室风冷恒温恒湿空调系统(动态分区,热回收)流程

1—变频涡旋式压缩机;2—气液分离;3—再热器出口电子膨胀阀;
4—风冷冷凝器出口电子膨胀阀;5—贮液器;6—蒸发器进口电子膨胀阀;
7—室内机后温湿度传感器;8—室内机;9—再热器;10—风冷冷凝器;
11—室内温湿度传感器;12—送风温湿度传感器;13—室内机吸气压力传感器;
14—风冷冷凝器排气压力传感器;15—再热器排气压力传感器;16—风冷冷凝器风机;
17—回油电磁阀;18—室内机吸气温度传感器;19—贮液器出口压力传感器;
20—混风温湿度传感器;21—新风温湿度传感器;22—新风预热后温度传感器;
23—初效过滤器压差开关;24—送风机压差开关;25—单向阀

实验室风冷恒温恒湿空调系统(动态分区,热回收)控制原理图见图 1.67(图 1.67 见本节后附图)。实验室风冷恒温恒湿空调系统(动态分区,热回收)由新风预热段、混和段(含初效

过滤器)、室内机段(配室外机)、中间段、再热段、电加热段、电热加湿段、送风机段组成。

1.10.3　控制方法改进

　　以前,仅由室内温湿度测量值与设定值的偏差信号来控制压缩机频率、回油电磁阀单位时间通断时间、电子膨胀阀脉冲数、电加热可控硅单位时间通断时间、电热加湿器可控硅单位时间通断时间。由于房间围护结构的热惰性对室内温度有延迟作用,故出现外部或内部温度扰动时,调节机构不能及时调节冷/热量,室内温度控制精度差。

　　现在由于实行了动态分区,由室内温湿度测量值与设定值的偏差信号来动态设定送风温湿度的设定值,再由送风温湿度的测量值与设定值的偏差信号来控制压缩机频率、回油电磁阀单位时间通断时间、电子膨胀阀脉冲数、电加热可控硅单位时间通断时间、电热加湿器可控硅单位时间通断时间,因此在出现外部或内部温度扰动时,调节机构能及时调节冷/热量,室内温度控制精度得到改善。

1.10.4　控制目标

　　实现房间温湿度恒定,在满足卫生要求的最小新风量下尽可能节省运行费用。

1.10.5　控制对象及方法

1. 阀门控制

　　采用动态分区来控制电加热器可控硅、电热加湿器可控硅、变频涡旋压缩机、回油电磁阀、室内机电子膨胀阀、再热器出口电子膨胀阀、室外机风机。

2. 动态分区图及说明

　　同如图 1.2 所示动态分区图及说明。

3. 控制方法

1) Ⅰ区(加热加湿)

(1)加热控制　由冬季室内温度测量值与设定值的偏差信号推算出冬季送风温度动态设定值,用冬季送风温度测量值与动态设定值的偏差信号来控制电加热器单位时间通断时间,实现对房间的恒温控制。

　　设偏差 $e=t_{No}-t_N$;$e(k)=t_{No}-t_N(k)$,$k=0,1,2,\cdots,n$;

　　$t_N(k)=t_{No}$,$e=0$,$t_S=t_{So}$;$0<e<t_{No}-t_{Wo}$,$t_S=t_{So}+\dfrac{t_{S\,max}-t_{So}}{t_{No}-t_{Wo}}e$;$t_{No}-t_{Wo}\leqslant e$,$t_S=t_{S\,max}$。

　　上述分段曲线即 $t_S=f[e(k)]$。

　　(图 1.68 是 t_S 与 e 的关系图)

　　设偏差 $e'=t_S-t_{So}$;$e'(k)=t_S(k)-t_{So}$,$k=0,1,2,\cdots,n$;

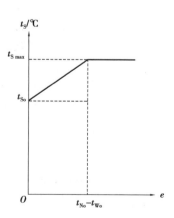

图 1.68　t_S 与 e 的关系图

$e' \leqslant -t_{So}$，$N_1 = 1$；$-t_{So} < e' < 0$，$N_1 = -\dfrac{1}{t_{So}}e'$；$e' \geqslant 0$，$N_1 = 0$。

上述分段曲线即 $N_1 = f[e'(k)]$。

（图 1.69 是 N_1 与 e' 的关系图）

上式中：N_1——电加热器可控硅单位时间通断时间，%；

　　　t_S——冬季送风温度测量值。

（2）加湿控制：同 1.4 节的 Ⅰ 区加湿控制。

2）Ⅱ 区（冷却加湿）

同 1.8 节的 Ⅱ 区（冷却加湿），但是无四通换向阀。

3）Ⅲ 区（冷却除湿再热）

由夏季室内绝对含湿量测量值与设定值的偏差信号推算

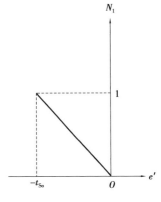

图 1.69　N_1 与 e' 的关系图

出夏季送风绝对含湿量动态设定值，由夏季送风绝对含湿量测
量值与动态设定值的偏差信号来分程控制变频涡旋压缩机频率及回油电磁阀单位时间通断时
间，实现对房间的恒湿控制。若制冷量大，可通过通信由 N 个模块同步分程控制变频涡旋压
缩机的频率及回油电磁阀单位时间通断时间，实现对房间的恒湿控制（$N = 1 \sim 8$）。由模块测
量电流与额定电流之比来控制模块投入台数，同本书第 3 章冷水机组运行台数控制。

（1）冷却除湿控制

a. 变频涡旋压缩机频率控制。

设偏差 $e = d_N - d_{No}$；$e(k) = d_N(k) - d_{No}$，$k = 0,1,2,\cdots,n$；

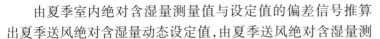

$d_N(k) = d_{No}$；$e = 0$，$d_S = d_{So}$；$0 < e < d_{Wo} - d_{No}$，$d_S = d_{So} + \dfrac{d_{S\min} - d_{So}}{d_{Wo} - d_{No}}e$；

$d_{Wo} - d_{No} \leqslant e$，$d_S = d_{S\min}$。

上述分段曲线即 $d_S(k) = f[e(k)]$。

（图 1.70 是 d_S 与 e 的关系图）

上式中：d_N——夏季室内绝对含湿量测量值，g/kg；

　　　d_{No}——夏季室内绝对含湿量设定值，g/kg；

　　　d_S——夏季送风绝对含湿量动态设定值，g/kg；

　　　d_{So}——夏季送风绝对含湿量设定值，g/kg；

　　　d_{Wo}——夏季室外绝对含湿量设定值，g/kg；

　　　$d_{S\min}$——夏季送风绝对含湿量最小值，g/kg。

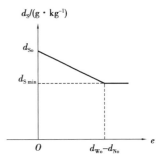

图 1.70　d_S 与 e 的关系图

设偏差 $e' = d'_S - d_S$；$e'(k) = d'_S(k) - d_S(k)$，$k = 0,1,2,\cdots,n$；

$e' \leqslant 0$，$f_1 = 0$；$0 < e' < d_{No} - d_{So}$，$f_1 = \dfrac{1}{d_{No} - d_{So}}e'$；$d_{No} - d_{So} \leqslant e'$，$f_1 = 1$。

上述分段曲线即 $f_1(k) = f[e'(k)]$。

（图 1.71 是 f_1 与 e' 的关系图）

式中：d'_S——夏季送风绝对含湿量测量值；

　　　f''_1——变频涡旋压缩机频率动态设定值。

分段曲线 $f''_1 = f[e'(k)]$，即以由冷却除湿控制推算出的一

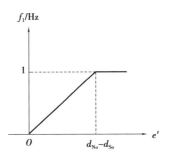

图 1.71　f_1 与 e' 的关系图

个变频涡旋压缩机频率 f_1'' 作为变频涡旋压缩机频率动态设定值 f_1。

设偏差 $E = f_1'' - f; E(k) = f_1''(k) - f(k), k = 0,1,2,\cdots,n$。

(f 为变频涡旋压缩机频率测量值)

变频涡旋压缩机频率增量：$\Delta f(k) = AE(k) + BE(k-1)$。

其中：$A = K_P + K_I, B = -K_P$。

式中：K_I——积分系数，$K_I = K_P/T_I$；

$\quad K_P$——比例系数，$K_P = \dfrac{1}{\delta}, \delta$ 为比例带；

T, δ, T_I 可取经验值：$T = 3 \sim 10$ s, $\delta = 30\% \sim 70\%$，积分时间 $T_I = 0.4 \sim 3$ min。

$E(k-1) = f_1''(k) - f(k-1), k = 0,1,2,\cdots,n$。

b. 回油电磁阀控制。

与冷却加湿时回油电磁阀控制相同。

c. 室内机过热度控制。

方法与冷却加湿控制相同。

(2)再热控制

a. 空调送风机和风冷冷凝器风机控制。

空调机送风机和风冷冷凝器风机全开,制冷产生的冷凝热量分别通过再热器和风冷冷凝器来散热。若制冷量大,可通过通信由 $N(N = 1 \sim 8)$ 个模块同步控制 N 个再热器与 N 个风冷冷凝器,制冷产生的冷凝热量分别通过 N 个再热器和 N 个风冷冷凝器来散热。

b. 再热器出口电子膨胀阀控制。

由夏季室内温度测量值与设定值的偏差信号推算夏季送风温度动态设定值,由夏季送风温度测量值与动态设定值的偏差信号来计算再热器出口电子膨胀阀脉冲数动态设定值,再根据再热器出口电子膨胀阀脉冲数测量值与动态设定值的偏差信号来实现对房间的恒温控制。

设偏差 $e = t_{No} - t_N; e(k) = t_{No} - t_N(k), k = 0,1,2,\cdots,n; t_N(k) = t_{No}$；

$e = 0, t_S = t_{So}; 0 < e < t_{No} - t_{Wo}, t_S = t_{So} + \dfrac{t_{S\max} - t_{So}}{t_{No} - t_{Wo}} e; (t_{No} - t_{Wo}) \leqslant e, t_S = t_{S\max}$。

上述分段曲线即 $t_S(k) = f[e(k)]$。

(图 1.72 是 t_S 与 e 的关系图)

上式中：t_N——夏季室内温度测量值,℃；

$\quad t_{No}$——夏季室内温度设定值,℃；

$\quad t_S$——夏季送风温度动态设定值,℃；

$\quad t_{So}$——夏季送风温度设定值,℃；

$\quad t_{Wo}$——夏季室外温度测量值,℃；

$\quad t_{S\max}$——夏季送风温度最大值,℃。

设偏差 $e' = t_S' - t_S; e'(k) = t_S'(k) - t_S(k), k = 0,1,2,\cdots,n$；

$e' \leqslant -t_{So}, N_1 = 1; -t_{So} < e' < 0, N_1 = -\dfrac{1}{t_{So}}e'; 0 \leqslant e'$ 时, $N_1 = 0$。

上述分段曲线即 $N_1(k) = f[e(k)]$。

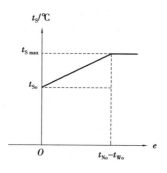

图 1.72 t_S 与 e 的关系图

（图 1.73 是 N_1 与 e' 的关系图）

上式中：N_1——再热器出口电子膨胀阀脉冲数与额定脉冲数的比值。

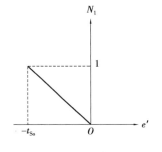

图 1.73 N_1 与 e' 的关系图

再热器出口电子膨胀阀全开对应的额定脉冲数为 240，有：

$$n_1 = N_1 \cdot 240$$

式中：n_1——再热器出口电子膨胀阀脉冲数；

　　t'_S——夏季送风温度测量值，℃，时间常数 $T = 3 \sim 10$ s。

c. 风冷冷凝器出口电子膨胀阀控制。

再热器出口电子膨胀阀脉冲数与额定脉冲数的比值 N_1（%）+风冷冷凝器出口电子膨胀阀脉冲数与额定脉冲数的比值 N_2（%）= 100%，故风冷冷凝器出口电子膨胀阀脉冲数与额定脉冲数的比值 N_2（%）= 100% -再热器出口电子膨胀阀脉冲数与额定脉冲数的比值 N_1（%），有：

$$n_2 = N_2 \cdot 240$$

式中：n_2——风冷冷凝器出口电子膨胀阀脉冲数。

4）新、回风阀控制

采用冬季、冬季过渡季、夏季过渡季、夏季室外温度与室内温度设定值的偏差来控制新、回风阀开度，方法同 1.2 节的新、回风阀控制。

5）新风预热控制

新风温度 $t < t'_{Wd}$，需根据室外温度 t 与新风预热温度设定值 t'_{Wd} 的偏差信号控制新风预热电加热器，实现新风预热控制，同 1.8 节的新风预热控制。

6）联锁控制

冬季：开机时，送风机开，新风阀开、回风阀关，新风电加热器、电加热器、电热加湿器开；关机时，先关新风电加热器、电加热器、电热加湿器，延时 3 min 后关送风机、关新风阀、开回风阀。

冬季过渡季：开机时，送风机开，新风阀开、回风阀关，电加热器、电热加湿器开；关机时，先关电加热器、电热加湿器，延时 3 min 后关送风机、关新风阀、开回风阀。

夏季过渡季：开机时，送风机开，新风阀开、回风阀关，室内机/室外机、电热加湿器开；关机时，关室内机/室外机、电热加湿器，延时 3 min 后关送风机、关新风阀、开回风阀。

夏季：开机时，送风机开，新风阀开、回风阀关，室内机/室外机、电加热器开；关机时，先关室内机/室外机、电加热器，延时 3 min 后关送风机、关新风阀、开回风阀。

高/低压保护、涡旋压缩机过热保护、相序保护、曲轴箱过热保护、排气温度过高保护由 PLC 完成。

消防联锁：收到消防报警信号后，按各个季节关机联锁。

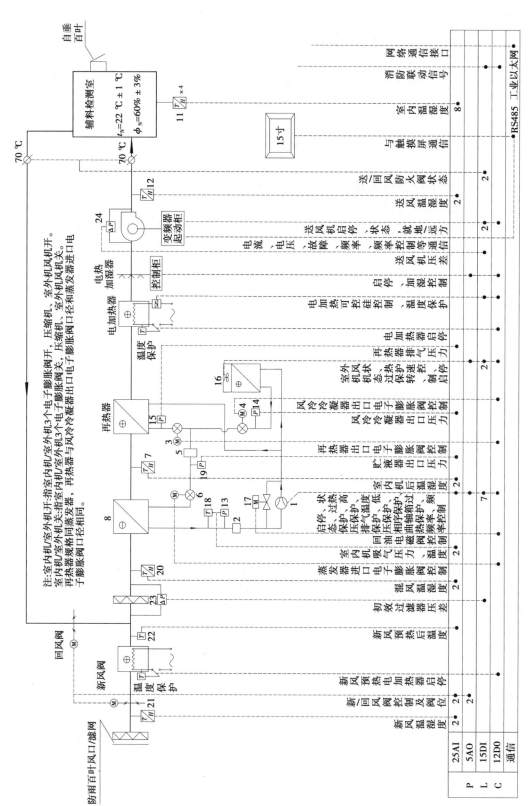

图1.67 实验室风冷恒温恒湿空调系统(动态分区，热回收)控制原理图(室内机/室外机控制部分)

1.11　冷水型转轮除湿空调系统全年多工况（动态分区，温湿度分控）控制模型

1.11.1　冷水型转轮除湿空调系统的组成

冷水型转轮除湿空调系统如图 1.74 所示（图 1.74 见本节后附图）。

冷水型转轮除湿空调系统由新风预冷段（带回风初效过滤器）、前混合段、转轮除湿空调机段、后混合段、初中效过滤段、表冷段、中间段、电加热段、电热加湿段、送风机段组成。

设置新风、混风、送风、回风、室内温湿度传感器，初效、中效过滤器压差开关，送、再生风机压差开关，预冷水阀、冷水阀、电加热器、再生电加热器、电热加湿器；送风机变频器、再生风机，新风、回风 1 及回风 2 电动调节风阀，触摸屏，PLC 控制器。

1.11.2　控制方法改进

以前，仅用室内温湿度测量值与设定值的偏差信号来控制预冷水阀、冷水开度，再生电加热器可控硅单位时间通断时间，电加热器可控硅单位时间通断时间，电热加湿器可控硅单位时间通断时间。由于房间围护结构的热惰性对室内温度有延迟作用，故出现外部或内部温度扰动时，调节机构不能及时调节冷/热量，室内温度控制精度差。

现在由于实行了动态分区，用室内温湿度测量值与设定值的偏差信号来动态设定送风温湿度的设定值，再用送风温湿度的测量值与设定值的偏差信号来控制预冷水阀、冷水阀开度，再生电加热器可控硅单位时间通断时间，电加热器可控硅单位时间通断时间，电热加湿器可控硅单位时间通断时间，因此在出现外部或内部温度扰动时，调节机构能及时调节冷/热量，室内温度控制精度得到改善。

1.11.3　控制目标

实现房间温湿度恒定，在满足卫生要求的最小新风量下尽可能节省运行费用。

1.11.4　控制对象及方法

1.阀门控制

采用动态分区来控制预冷水阀、冷水阀、电加热器、再生电加热器、电热加湿器。

2.动态分区图及说明

同图 1.2 所示动态分区图及说明。

3. 控制方法

1) Ⅰ区(加热加湿)

(1)加热控制

由冬季室内温度设定值与测量值的偏差信号推算出冬季送风温度动态设定值,由冬季送风温度测量值与动态设定值的偏差信号来控制电加热器可控硅单位时间通断时间/再生电加热器可控硅单位时间通断时间,实现对房间的恒温控制。

设偏差 $e=t_{\mathrm{No}}-t_{\mathrm{N}}$; $e(k)=t_{\mathrm{No}}-t_{\mathrm{N}}(k)$, $k=0,1,2,\cdots,n$;

$$t_{\mathrm{N}}(k)=t_{\mathrm{No}};\ e=0,t_{\mathrm{S}}=t_{\mathrm{So}};0<e<t_{\mathrm{No}}-t_{\mathrm{Wo}},\ t_{\mathrm{S}}=t_{\mathrm{So}}+\frac{t_{\mathrm{S\,max}}-t_{\mathrm{So}}}{t_{\mathrm{No}}-t_{\mathrm{Wo}}}e;t_{\mathrm{No}}-t_{\mathrm{Wo}}\leqslant e,\ t_{\mathrm{S}}=t_{\mathrm{S\,max}}。$$

上述分段曲线即 $t_{\mathrm{S}}(k)=f[e(k)]$。

(图1.75是 t_{S} 与 e 的关系图)

上式中:t_{N}——冬季室内温度测量值,℃;

$\qquad t_{\mathrm{No}}$——冬季室内温度设定值,℃;

$\qquad t_{\mathrm{S}}$——冬季送风温度动态设定值,℃;

$\qquad t_{\mathrm{So}}$——冬季送风温度设定值,℃;

$\qquad t_{\mathrm{Wo}}$——冬季室外温度设定值,℃;

$\qquad t_{\mathrm{S\,max}}$——冬季送风温度最大值,℃。

设偏差 $e'=t'_{\mathrm{S}}-t_{\mathrm{S}}$, $e'(k)=t'_{\mathrm{S}}(k)-t_{\mathrm{S}}(k)$, $k=0,1,2,\cdots,n$;

$$e'\leqslant-t_{\mathrm{So}},K_{\mathrm{I}}=1;-t_{\mathrm{So}}<e'<0,K_{\mathrm{I}}=-\frac{1}{t_{\mathrm{So}}}e';0\leqslant e,K_{\mathrm{I}}=0。$$

上述分段曲线即 $K_{\mathrm{I}}(k)=f[e'(k)]$。

(图1.76是 K_{I} 与 e' 的关系图)

上式中:K_{I}——电加热器可控硅单位时间通断时间/再生电加热器可控硅单位时间通断时间,%;

$\qquad t'_{\mathrm{S}}$——冬季送风温度测量值,℃,时间常数 $T=3\sim10$ s。

房间湿负荷小,选择控制电加热器可控硅;房间湿负荷大,选择控制再生电加热器可控硅。

(2)加湿控制

由冬季室内绝对含湿量设定值与测量值的偏差信号推算出冬季送风绝对含湿量动态设定值,用冬季送风绝对含湿量测量值与动态设定值的偏差信号来控制电热加湿器可控硅单位时间通断时间,实现对房间的恒湿控制。

设偏差 $e=d_{\mathrm{No}}-d_{\mathrm{N}}$; $e(k)=d_{\mathrm{No}}-d_{\mathrm{N}}(k)$, $k=0,1,2,\cdots,n$; $d_{\mathrm{N}}(k)=d_{\mathrm{No}}$;

$$e=0,d_{\mathrm{S}}=d_{\mathrm{So}};0<e\leqslant d_{\mathrm{No}}-d_{\mathrm{Wo}},d_{\mathrm{S}}=d_{\mathrm{So}}+\frac{d_{\mathrm{S\,max}}-d_{\mathrm{So}}}{d_{\mathrm{No}}-d_{\mathrm{Wo}}}e;e>d_{\mathrm{No}}-d_{\mathrm{Wo}},d_{\mathrm{S}}=d_{\mathrm{S\,max}}$$

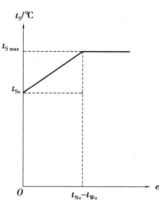

图1.75　t_{S} 与 e 的关系图

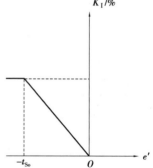

图1.76　K_{I} 与 e' 的关系图

上述分段曲线即 $d_S(k)=f[e(k)]$。

（图 1.77 是 d_S 与 e 的关系图）

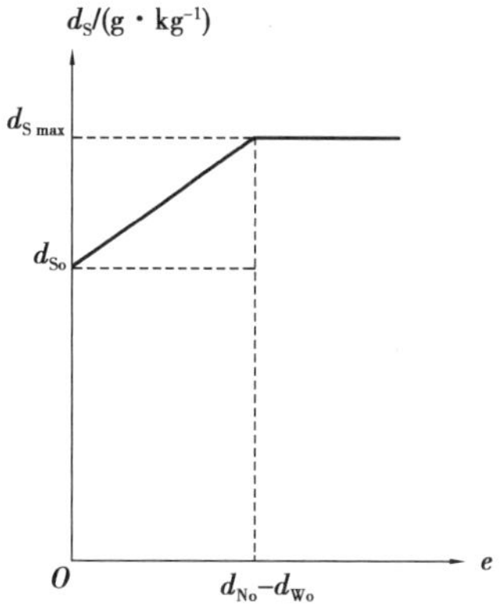

上式中：d_N——冬季室内绝对含湿量测量值，g/kg；

　　　　d_{No}——冬季室内绝对含湿量设定值，g/kg；

　　　　d_S——冬季送风绝对含湿量动态设定值，g/kg；

　　　　d_{So}——冬季送风绝对含湿量设定值，g/kg；

　　　　d_{Wo}——冬季室外绝对含湿量设定值，g/kg；

　　　　$d_{S\,max}$——冬季送风绝对含湿量最大值（g/kg）。

设偏差 $e'=d'_S-d_S$；$e'(k)=d'_S(k)-d_S(k)$，$k=0,1,2,\cdots,n$；

$e'\leqslant-d_{So}$，$K_{II}=1$；$-d_{So}<e<0$，$K_{II}=-\dfrac{1}{d_{So}}e'$；$0\leqslant e'$，$K_{II}=0$。

上述分段曲线即 $K_{II}(k)=f[e'(k)]$。

（图 1.78 是 K_{II} 与 e' 的关系图）

式中：K_{II}——电热加湿器可控硅单位时间/通断时间，%；

　　　d'_S——冬季送风绝对含湿量测量值，g/kg。

2）Ⅱ区（冷却加湿）

方法同 1.4 节的Ⅱ区（冷却加湿）。

3）Ⅲ区（冷却降温/除湿）

（1）冷却降温控制　由夏季室内温度测量值与设定值的偏差推算出夏季送风温度动态设定值，用夏季送风温度动态设定值与测量值的偏差来计算冷水阀开度动态设定值，再根据冷水阀开度测量值与动态设定值的偏差信号来控制冷水阀，实现对房间的恒温控制。

冷却降温控制方法同Ⅱ区冷却控制。

（2）冷却除湿控制　由夏季室内绝对含湿量测量值与设定值的偏差推算出夏季送风绝对含湿量动态设定值，用夏季送风绝对含湿量动态设定值与测量值的偏差信号来计算预冷水阀开度动态设定值/再生电加热器可控硅单位时间通断时间，根据预冷水阀开度测量值与动态设定值的偏差信号来控制预冷水阀，根据计算再生电加热器可控硅单位时间通断时间控制再生电加热器可控硅，实现对房间的恒湿控制。

设偏差 $e=d_N-d_{No}$；$e(k)=d_N(k)-d_{No}$，$k=0,1,2,\cdots,n$；

$d_N=d_{No}$，$e=0$，$d_S=d_{So}$；$0<e<d_{Wo}-d_{No}$，$d_S=d_{So}-\dfrac{d_{So}-d_{S\,min}}{d_{Wo}-d_{No}}e$；

$d_{Wo}-d_{No}\leqslant e$，$d_S=d_{S\,min}$。

上述分段曲线即 $d_S(k)=f[e(k)]$。

（图 1.79 是 d_S 与 e 的关系图）

上式中：d_N——夏季室内绝对含湿量测量值，g/kg；

　　　　d_{No}——夏季室内绝对含湿量设定值，g/kg；

　　　　d_S——夏季送风绝对含湿量动态设定值，g/kg；

　　　　d_{So}——夏季送风绝对含湿量设定值，g/kg；

　　　　d_{Wo}——夏季室外绝对含湿量设定值，g/kg；

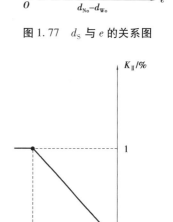

图 1.77　d_S 与 e 的关系图

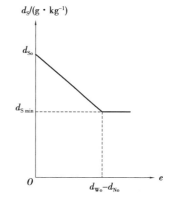

图 1.78　K_{II} 与 e' 的关系图

图 1.79　d_S 与 e 的关系图

$d_{S\min}$——夏季送风绝对含湿量最小值，g/kg。

设偏差 $e'=d'_S-d_S$；$e'(k)=d_S(k)-d'_S(k)$，$k=0,1,2,\cdots,n$；

$e'\le 0$，$K''_\text{Ⅲ}=0$；$0<e'<d_{No}-d_{So}$，$K''_\text{Ⅲ}=\dfrac{1}{d_{No}-d_{So}}e'$；$d_{No}-d_{So}\le e'$，$K''_\text{Ⅲ}=1$。

上述分段曲线即 $K''_\text{Ⅲ}=f\left[e^1(k)\right]$。

（图 1.80 是 $K''_\text{Ⅲ}$ 与 e' 的关系图）

即由冷却除湿控制推算出的预冷水阀开度动态设定值/再生电加热器可控硅单位时间通断时间 $K''_\text{Ⅲ}$。

上式中：d'_S——夏季送风绝对含湿量测量值，g/kg。

设偏差 $E=K_\text{Ⅲ}-K$，$E(k)=K_\text{Ⅲ}(k)-K(k)$，$k=0,1,2,\cdots,n$。

式中：K——预冷水阀开度测量值，%。

预冷水阀开度增量：$\Delta K(k)=AE(k)+BE(k-1)$，$k=0,1,2,\cdots,n$。

其中：$A=K_P+K_I$，$B=-K_P$。

式中：K_I——积分系数，$K_I=k_P T/T_I$，T 为时间常数；

$\quad K_P$——比例系数，$K_P=\dfrac{1}{\delta}$，δ 为比例带。

T,δ,T_I 可取经验值：

$T=3\sim 10\ \text{s}$，$\delta=30\%\sim 70\%$，积分时间 $T_I=0.4\sim 3\ \text{min}$。

$E(k-1)=K_\text{Ⅲ}(k)-K(k-1)$，$k=0,1,2,\cdots,n$。

再生电加热器可控硅控制时间常数 $T=3\sim 10\ \text{s}$。

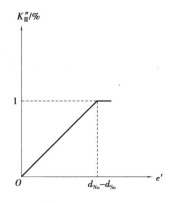

图 1.80 $K''_\text{Ⅲ}$ 与 e' 的关系图

4）送风机频率控制

手动设定送风机频率。

5）联锁控制

Ⅰ区（加热加湿）：

开机：送风机开，电加热器、电热加湿器开。关机：先关电加热器、电热加湿器，延时 3 min 后关送风机。

新风阀开度(%)：m；回风阀 1 开度(%)：$1-m_1$；回风阀 2 开度(%)：$1-m_2$。

Ⅱ区（冷却加湿）：

开机：送风机开，冷水阀、电热加湿器开。关机时：先关冷水阀、电热加湿器，延时 3 min 后关送风机。

新风阀开度(%)：m；回风阀 1 开度(%)：$1-m_1$；回风阀 2 开度(%)：$1-m_2$。

Ⅲ区（冷却降温/除湿）：

开机：送风机、再生风机、转轮开，预冷水阀、冷水阀、再生电加热器开。关机时：先关预冷水阀、冷水阀、再生电加热器，延时 3 min 后关送风机、再生风机、转轮。

新风阀开度(%)：m；回风阀 1 开度(%)：$1-m_1$；回风阀 2 开度(%)：$1-m_2$。

消防联锁：收到消防报警信号后，按各个季节关机联锁。

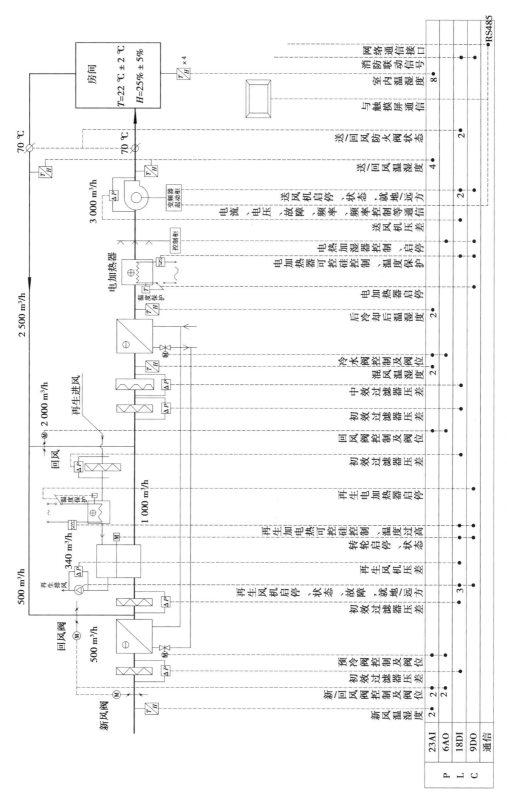

图 1.74　冷水型转轮除湿空调系统控制原理图

1.12 实验室风冷型转轮除湿空调系统全年多工况(动态分区,温湿度分控)控制模型

1.12.1 实验室风冷型转轮除湿空调系统的组成

实验室风冷型转轮除湿空调系统如图1.81—图1.85所示(图1.81—图1.85见本节后附图)。

实验室风冷型转轮除湿空调系统由室内机1(含初效过滤器)/室外机1、前混和段(含初效过滤器)、转轮除湿空调机段,后混和段、初中效过滤段、室内机2/室外机2、电加热段、电热加湿段、送风机段组成。

设置新风、混风、送风、回风、室内温湿度传感器,初效、中效过滤器压差开关,送、再生风机压差开关,前后级涡旋压缩机变频器、回油电磁阀、电子膨胀阀、室外机风机PWM调节器,电加热器可控硅,电热加湿器可控硅、送风机变频器、再生风机,新风、回风1、回风2电动调节风阀,触摸屏,PLC控制器。

1.12.2 控制方法改进

以前,仅由室内温湿度测量值与设定值的偏差信号来控制前后级压缩机频率、回油电磁阀单位时间通断时间、电子膨胀阀脉冲数、再生电加热器可控硅单位时间通断时间、电加热器可控硅单位时间通断时间、电热加湿器可控硅单位时间通断时间。由于房间围护结构的热惰性对室内温度有延迟作用,故出现外部或内部温度扰动时,调节机构不能及时调节冷/热量,室内温度控制精度差。

现在由于实行了动态分区,由室内温湿度测量值与设定值的偏差信号来动态设定送风温湿度的设定值,再用送风温湿度测量值与设定值的偏差信号来控制前后级变频涡旋压缩机频率、回油电磁阀单位时间通断时间、电子膨胀阀脉冲数、再生电加热器可控硅单位时间通断时间、电加热器可控硅单位时间通断时间、电热加湿器可控硅单位时间通断时间,因此在出现外部或内部温度扰动时,调节机构能及时调节冷/热量,室内温度控制精度得到改善。

1.12.3 控制目标

实现房间温湿度恒定,在满足卫生要求的最小新风量下尽可能节省运行费用。

1.12.4 控制对象及方法

1.控制对象

采用动态分区来控制电加热器可控硅、电极加湿器可控硅、变频涡旋压缩机1及回油电磁阀1、电子膨胀阀1、室外机1风机、变频涡旋压缩机2及回油电磁阀2、电子膨胀阀2、室外机2风机。

2. 动态分区图及说明

同图 1.2 所示动态分区图及说明。

3. 控制方法

1）Ⅰ区（加热加湿）

方法同冷水型转轮除湿空调系统。

2）Ⅱ区（冷却加湿）

（1）冷却控制

由夏季室内温度测量值与设定值的偏差信号推算出夏季送风温度动态设定值，用夏季送风温度测量值与动态设定值的偏差信号及变频涡旋压缩机 2 频率下限来分程控制变频涡旋压缩机 2 频率及回油电磁阀 2 单位时间通断时间，实现对房间的恒温控制。若制冷量大，可通过通信由 $N(N=1\sim8)$ 个模块同步分程控制后级变频涡旋压缩机的频率及回油电磁阀单位时间通断时间，实现对房间的恒温控制。可由模块测量电流与额定电流之比来控制模块投入台数，方法同本书第 3 章冷水机组台数投入控制。

a. 变频涡旋压缩机 2 频率控制。

设偏差 $e=t_N-t_{No}$；$e(k)=t_N(k)-t_{No}$，$k=0,1,2,\cdots,n$；

$t_N=t_{No}$；$e=0$，$t_S=t_{So}$；$0<e<t_{Wo}-t_{No}$，$t_S=t_{So}+\dfrac{t_{S\min}-t_{So}}{t_{Wo}-t_{No}}e$；$t_{Wo}-t_{No}\leqslant e$，$t_S=t_{S\min}$。

上述分段曲线即 $t_S=f[e(k)]$。

（图 1.86 是 t_S 与 e 的关系图）

上式中：t_N——夏季室内温度测量值，℃；

$\quad\quad t_{No}$——夏季室内温度设定值，℃；

$\quad\quad t_S$——夏季送风温度动态设定值，℃；

$\quad\quad t_{So}$——夏季送风温度设定值，℃；

$\quad\quad t_{Wo}$——夏季室外温度设定值，℃；

$\quad\quad t_{S\min}$——夏季送风温度最小值，℃。

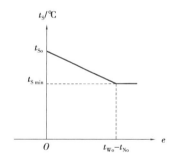

图 1.86　t_S 与 e 的关系图

设偏差 $e'=t_S'-t_S$（t_S'——送风温度测量值）；$e'(k)=t_S'(k)-t_S(k)$，$k=0,1,2,\cdots,n$。

$e'\leqslant0$，$f_1=0$；$0<e'<t_{No}-t_{So}$，$f_1=16$；$t_{No}-t_{So}\leqslant e'\leqslant t_{Wo}-t_{So}$，$f_1=16+\dfrac{34[e'-(t_{No}-t_{So})]}{t_{Wo}-t_{No}}$；$e'>t_{Wo}-t_{So}$，$f_1=50$ Hz。

上述分段曲线即 $f_1=f[e'(k)]$。

（图 1.87 是 f_1 与 e' 的关系图）

由上述可知 $f_1=\phi(e')$ 为分段函数，以此作为变频涡旋压缩机 2 频率动态设定值。

设偏差 $E = f_1 - f$;$E(k) = f_1(k) - f(k)$,$k = 0,1,2,\cdots,n$。

(f——变频涡旋压缩机 2 频率测量值)

变频涡旋压缩机 2 频率增量:$\Delta f(k) = AE(k) + BE(k-1)$。

其中:$A = K_P + K_I$,$B = -K_P$。

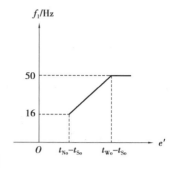

式中:K_I——积分系数,$K_I = K_P T / T_1$,T 为时间常数;

　　　K_P——比例系数,$K_P = \dfrac{1}{\delta}$,δ 为比例带;

　　　T,δ,T_1 可取经验值:$T = 3 \sim 10$ s,$\delta = 30\% \sim 70\%$,积分时间 $T_1 = 0.4 \sim 3$ min。

图 1.87　f_1 与 e' 的关系图

$E(k-1) = f_1(k) - f(k-1)$,$k = 0,1,2,\cdots,n$。

b. 回油电磁阀 2 控制。

变频涡旋压缩机 2 频率下限时控制回油电磁阀 2 单位时间通断时间,实现对房间的恒温控制。

设偏差 $e' = t'_S - t_S$。

式中:t'_S——夏季送风温度测量值,℃。

即 $e'(k) = t'_S(k) - t_S(k)$,$k = 0,1,2,\cdots,n$。

$e' \le 0$,$N_1 = 0$;$0 < e' < t_{No} - t_{So}$,$N_1 = \dfrac{1}{t_{No} - t_{So}} e'$;$e' \ge t_{No} - t_{So}$,$N_1 = 1$。

上述分段曲线即 $N_1 = f[e'(k)]$。

(图 1.88 是 N_1 与 e' 的关系图)

式中:N_1——回油电磁阀单位时间通断时间,%。

回油电磁阀单位时间通断时间越长,送风温度越高,制冷量越小;回油电磁阀单位时间通断时间越短,送风温度越低,制冷量越大。

c. 室内机 2 过热度控制。

由室内机 2 过热度设定值与测量值的偏差信号来控制直动式电子膨胀阀 2 脉冲数。若制冷量大,可通过通信由 $N(N = 1 \sim 8)$ 个模块同步控制后级直动式电子膨胀阀脉冲数。

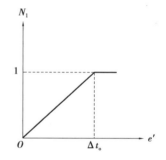

图 1.88　N_1 与 e' 的关系图

室内机 2 过热度设定值 $\Delta t_o = 5 \sim 10$ ℃,取 $\Delta t_o = 5$ ℃;蒸发温度 $t_z = -1 \sim 1$ ℃,取 $t_z = 0.5$ ℃。

室内机 2 出气管设有压力传感器、温度传感器,由压力测量值查 $t = f(p)$ 分段函数,求出对应的蒸发温度 t_z,室内机 2 过热度测量值:

$$\Delta t = (t_j - t_z)$$

式中:t_j——室内机 2 出气管温度传感器对应的吸气温度。

$\Delta t(k) = t_j(k) - t_z(k)$,$k = 0,1,2,\cdots,n$。

查 R410A 冷媒温度压力对照表,可做出蒸发温度 t 与蒸发饱和压力 p 的分段函数 $t = f(p)$。

温度 $t/℃$	绝对压力 p/MPa	$t=f(p)$
−15	0.483	$t=-15+54.596(p-0.483)$
−14	0.504	$0.483\leqslant p\leqslant0.538$　(38)
−13	0.52	
−12	0.538	$t=-12+48.781(p-0.538)$
−11	0.556	$0.538<p<0.579$　(39)
−10	0.579	$t=-10+51.282(p-0.579)$
−9	0.598	$0.579\leqslant p\leqslant0.618$　(40)
−8	0.618	$t=-8+47.619(p-0.618)$
−7	0.639	$0.618<p<0.66$　(41)
−6	0.66	$t=-6+44.44(p-0.66)$
−5	0.682	$0.66\leqslant p\leqslant0.705$　(42)
−4	0.705	$t=-4+42.553(p-0.705)$
−3	0.728	$0.705<p<0.752$　(43)
−2	0.752	$t=-2+39.216(p-0.752)$
−1	0.777	$0.752\leqslant p\leqslant0.803$　(44)
0	0.803	$t=20.833(p-0.803)$
1	0.823	$0.803\leqslant p\leqslant0.851$　(45)
2	0.851	$t=2+38.462(p-0.851)$
3	0.879	$0.851<p<0.903$　(46)
4	0.903	$t=4+33.898(p-0.903)$
5	0.937	$0.903\leqslant p\leqslant0.962$　(47)
6	0.962	$t=6+34.483(p-0.962)$
7	0.994	$0.962<p<1.02$　(48)
8	1.02	$t=8+28.57(p-1.02)$
9	1.05	$1.02\leqslant p\leqslant1.09$　(49)
10	1.09	

设偏差 $e=\Delta t_o-\Delta t$；$e(k)=\Delta t_o-\Delta t(k)$，$k=0,1,2,\cdots,n$；

$e\leqslant0,N_{20}=0$；$0<e<\Delta t_o,N_{20}=\dfrac{1}{\Delta t_o}e$；$e\geqslant\Delta t_o,N_{20}=1$。

上述分段曲线即 $N_{20}=f[e(k)]$。

（图 1.89 是 N_{20} 与 e 的关系图）

式中：N_{20}——电子膨胀阀 2 脉冲数与额定脉冲数的比值（电子膨胀阀 2 全开对应的额定脉冲数为 240，电子膨胀阀 2 脉冲数 $n=N_{20}\times240$）。

d. 室外机 2 风机转速控制。

可由夏季室外机 2 盘管冷凝压力测量值与设定值的偏差信号控制室外机 2 风机转速。若制冷量大，可通过通信由 $N(N=1\sim8)$ 个模块同步控制后级室外机风机转速。

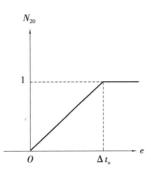

图 1.89　N_{20} 与 e 的关系图

设偏差 $e=P_c-P_{co}$；$e(k)=P_c(k)-P_{co}$，$k=0,1,2,\cdots,n$；

$e\leqslant-P_{co}$，$N_2=0$；$-P_{co}<e<0$，$N_2=\dfrac{1}{P_{co}}(e+P_{co})$；$e\geqslant0$，$N_2=1$。

上述分段曲线即 $N_2=f[e(k)]$。

（图 1.90 是 N_2 与 e 的关系图）

式中：P_c——夏季室外机 2 盘管冷凝压力测量值，bar（G）；

$\quad\quad P_{co}$——夏季室外机 2 盘管冷凝压力设定值，bar（G）；

$\quad\quad N_2$——室外机 2 风机转速与额定转速比值。

再由 N_2 计算出室外机 2 风机转速 $n_2=N_2N_o$。

式中：n_2——室外机 2 风机转速，rpm；

$\quad\quad N_o$——室外机 2 风机额定转速，rpm。

$N_o=2\ 000$ rpm。

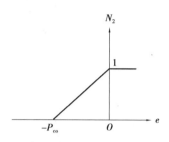

图 1.90　N_2 与 e 的关系图

（2）加湿控制

由夏季室内绝对含湿量测量值与设定值的偏差信号推算出夏季送风绝对含湿量动态设定值，由夏季送风绝对含湿量测量值与动态设定值的偏差信号来控制电热加湿器可控硅单位时间通断时间，实现对房间的恒湿控制。

设偏差 $e=d_{No}-d_N$；$e(k)=d_{No}-d_N(k)$，$k=0,1,2,\cdots,n$。

$d_N(k)=d_{No}$；$e=0$，$d_S=d_{So}$；$0<e<d_{No}-d_{Wo}$，$d_S=d_{So}+\dfrac{d_{S\ max}-d_{So}}{d_{No}-d_{Wo}}e$；

$d_{No}-d_{Wo}\leqslant e$，$d_S=d_{S\ max}$。

上述分段曲线即 $d_S=(k)=f[e(k)]$。

（图 1.91 是 d_S 与 e 的关系图）

上式中：d_N——夏季室内绝对含湿量测量值，g/kg；

$\quad\quad d_{No}$——夏季室内绝对含湿量设定值，g/kg；

$\quad\quad d_S$——夏季送风绝对含湿量动态设定值，g/kg；

$\quad\quad d_{So}$——夏季送风绝对含湿量设定值，g/kg；

$\quad\quad d_{Wo}$——夏季室外绝对含湿量设定值，g/kg；

$\quad\quad d_{S\ max}$——夏季送风绝对含湿量最大值，g/kg。

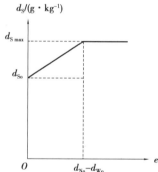

图 1.91　d_S 与 e 的关系图

设偏差 $e'=d_S'-d_S$；

$e'(k)=d_S'(k)-d_S(k)$，$k=0,1,2,\cdots,n$；

$e'\leqslant-d_{So}$，$N_1=1$；$-d_{So}<e'<0$，$N_1=-\dfrac{1}{d_{So}}e'$；$0\leqslant e'$，$N_1=0$。

上述分段曲线即 $N_1(k)=f[e'(k)]$。

（图 1.92 是 N_1 与 e' 的关系图）

上式中：N_1——电热加湿器可控硅单位时间通断时间，%；

$\quad\quad d_S'$——夏季送风绝对含湿量测量值，g/kg。

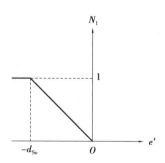

图 1.92　N_1 与 e' 的关系图

3) Ⅲ区(冷却除湿)

(1)冷却降温控制

由夏季室内温度测量值与设定值的偏差推算出夏季送风温度动态设定值,由夏季送风温度动态设定值与测量值的偏差来计算变频涡旋压缩机 2 频率动态设定值,再根据变频涡旋压缩机 2 频率测量值与动态设定值的偏差信号及频率下限来分程控制变频涡旋压缩机 2 频率及回油电磁阀 2 单位时间通断时间,实现对房间的恒温控制。若制冷量大,可通过通信由 $N(N=1\sim8)$ 个模块同步分程控制后级压缩机的频率及回油电磁阀单位时间通断时间,实现对房间的恒温控制。可用模块测量电流与额定电流之比来控制模块投入台数,方法同本书第 3 章冷水机组运行台数控制。

冷却降温控制模型同Ⅱ区冷却控制。

(2)冷却除湿控制 1

由夏季室内绝对含湿量测量值与设定值的偏差推算出夏季送风绝对含湿量动态设定值,由夏季送风绝对含湿量动态设定值与测量值的偏差来计算变频涡旋压缩机 1 频率动态设定值,再根据变频涡旋压缩机 1 频率测量值与动态设定值的偏差信号及频率下限来分程控制变频涡旋压缩机 1 频率及回油电磁阀 1 单位时间通断时间,实现对房间的恒湿控制。若制冷量大,可通过通信由 $M(M=1\sim4)$ 个模块同步分程控制前级变频涡旋压缩机的频率及回油电磁阀,实现对房间的恒湿控制。可用模块测量电流与额定电流之比来控制模块投入台数,方法同本书第 3 章冷水机组投入台数控制。

a. 变频涡旋压缩机 1 频率控制。

设偏差 $e=d_N-d_{No}$;$e(k)=d_N(k)-d_{No}$,$k=0,1,2,\cdots,n$;

$d_N(k)=d_{No}$,$e=0$,$d_S=d_{So}$;$0<e<d_{Wo}-d_{No}$,$d_S=d_{So}+\dfrac{(d_{S\,min}-d_{So})}{d_{Wo}-d_{No}}e$;$d_{Wo}-d_{No}\leqslant e$,$d_S=d_{S\,min}$。

上述分段曲线即 $d_S(k)=f[e(k)]$。

(图 1.93 是 d_S 与 e 的关系图)

上式中:d_N——夏季室内绝对含湿量测量值,g/kg;

　　　　d_{No}——夏季室内绝对含湿量设定值,g/kg;

　　　　d_S——夏季送风绝对含湿量动态设定值,g/kg;

　　　　d_{So}——夏季送风绝对含湿量设定值,g/kg;

　　　　d_{Wo}——夏季室外绝对含湿量设定值,g/kg;

　　　　$d_{S\,min}$——夏季送风绝对含湿量最小值,g/kg。

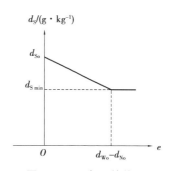

图 1.93　d_S 与 e 的关系图

设偏差 $e'=d_S'-d_S$;$e'(k)=d_S'(k)-d_S(k)$,$k=0,1,2,\cdots,n$;

$e'\leqslant0$,$f_1''=0$;$0<e'<d_{No}-d_{So}$,$f_1''=\dfrac{1}{d_{No}-d_{So}}e'$;$d_{No}-d_{So}\leqslant e'$,$f_1''=1$。

上述分段曲线即 $f_1''(k)=f[e'(k)]$。

(图 1.94 是 f_1'' 与 e' 的关系图)

上式中:d_S'——夏季送风绝对含湿量测量值;

　　　　f_1''——变频涡旋压缩机 1 频率动态设定值。

设偏差 $E=f_1''-f$;$E(k)=f_1''(k)-f(k-1)$,$k=0,1,2,\cdots,n$。

（f——变频涡旋压缩机 1 频率测量值）

变频涡旋压缩机 1 频率增量：$\Delta f(k)=AE(k)+BE(k-1)$。

其中：$A=K_P+K_I$，$B=-K_P$。

式中：K_I——积分系数，$K_I=k_P T/T_I$，T 为时间常数；

$\quad K_P$——比例系数，$K_P=\dfrac{1}{\delta}$，δ 为比例带；

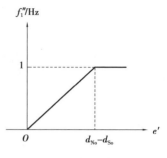

图 1.94　f_1'' 与 e' 的关系图

T,δ,T_I 可取经验值：$T=3\sim10$ s，$\delta=30\%\sim70\%$，积分时间 $T_I=0.4\sim3$ min。

$E(k-1)=f_1''(k)-f(k-1)$，$k=0,1,2,\cdots,n$。

b. 回油电磁阀 1 控制。

用变频涡旋压缩机 1 频率下限来控制回油电磁阀 1 单位时间通断时间，实现对房间的恒湿控制。

设偏差 $e'=d_S'-d_S$；$e'(k)=d_S'(k)-d_S(k)$，$k=0,1,2,\cdots,n$；

（d_S'——夏季绝对含湿量测量值）

$e'\leqslant0,N_1=0$；$0<e'<d_{No}-d_{So},N_1=\dfrac{1}{d_{No}-d_{So}}e'$；$e'\geqslant d_{No}-d_{So},N_1=1$。

上述分段曲线即 $N_1(k)=f[e'(k)]$。

（图 1.95 是 N_1 与 e' 的关系图）

上式中：N_1——回油电磁阀 1 单位时间通断时间，%。

回油电磁阀 1 单位时间通断时间越长，送风绝对含湿量越高，制冷量越小；回油电磁阀 1 单位时间通断时间越短，送风绝对含湿量越低，制冷量越大。

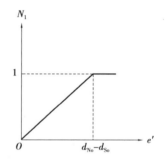

图 1.95　N_1 与 e' 的关系图

c. 室内机 1 过热度控制。

由室内机 1 过热度设定值与测量值的偏差信号来控制直动式电子膨胀阀 1 脉冲数。若制冷量大，可通过通信由 $M(M=1\sim4)$ 个模块同步控制前级直动式电子膨胀阀脉冲数。

室内机 1 过热度设定值 $\Delta t_o=5\sim10$ ℃，取 $\Delta t_o=5$ ℃；蒸发温度 $t_z=3\sim5$ ℃，取 $t_z=3.5$ ℃。

室内机 1 出气管设有压力传感器、温度传感器，由压力测量值查 $t=f(p)$ 分段函数，求出对应的蒸发温度 t_z，室内机 1 过热度测量值：

$$\Delta t=t_j-t_z$$

式中：t_j——室内机 1 出气管温度传感器对应的吸气温度。

$\Delta t(k)=t_j(k)-t_z(k)$，$k=0,1,2,\cdots,n$。

设偏差 $e=\Delta t_o-\Delta t$；$e(k)=\Delta t_o-\Delta t(k)$，$k=0,1,2,\cdots,n$；

$e\leqslant0,N_{20}=0$；$0<e<\Delta t_o,N_{20}=\dfrac{1}{\Delta t_o}e$；$e\geqslant\Delta t_o,N_{20}=1$。

上述分段曲线即 $N_{20}(k)=f[e(k)]$。

（图 1.96 是 N_{20} 与 e 的关系图）

上式中：N_{20}——电子膨胀阀 1 脉冲数与额定脉冲数的比值。

电子膨胀阀 1 全开对应的额定脉冲数为 240，电子膨胀阀 2

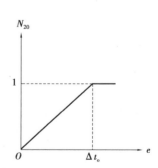

图 1.96　N_{20} 与 e 的关系图

脉冲数 $n = N_{20} \times 240$，n 为电子膨胀阀 1 脉冲数。

d. 室外机 1 风机转速控制。

可由过渡季室外机盘管冷凝压力测量值与设定值的偏差信号控制室外机 1 风机转速。若制冷量大，可通过通信由 $M(M = 1 \sim 4)$ 个模块同步控制前级室外机风机转速。

设偏差 $e = P_c - P_{Co}$；$e(k) = P_c(k) - P_{Co}$，$k = 0,1,2,\cdots,n$；

$e \leqslant -P_{Co}$，$N_2 = 0$；$-P_{Co} < e < 0$，$N_2 = \dfrac{1}{P_{Co}}(e + P_{Co})$；$e \geqslant 0$，$N_2 = 1$。

上述分段曲线即 $N_2(k) = f[e(k)]$。

（图 1.97 是 N_2 与 e 的关系图）

上式中：P_c——过渡季室外机 1 盘管冷凝压力测量值，bar（G）；

　　　　P_{Co}——过渡季室外机 1 盘管冷凝压力设定值，bar（G）；

　　　　N_2——室外机 1 风机转速与额定转速的比值。

再由 N_2 计算出室外机 1 风机转速：$n_2 = N_2 N_o$。

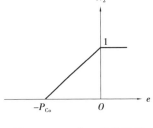

图 1.97　N_2 与 e 的关系图

式中：n_2——室外机 1 风机转速，rpm；

　　　N_o——室外机 1 风机额定转速，rpm；

　　　$N_o = 2\ 000$ rpm。

$n = 0$，$U = 0.15$；$0 < n \leqslant 2\ 000$，$U = (0.28/2\ 000)n + 0.15$。

式中：n——室外机 1 风机转速，rpm；

　　　U——室外机 1 风机速度控制端口控制电压，V，DC。

（3）冷却除湿控制 2

由夏季室内绝对含湿量测量值与设定值的偏差推算出夏季送风绝对含湿量动态设定值，用夏季送风绝对含湿量动态设定值与测量值的偏差计算再生电加热器可控硅单位时间通断时间，实现对房间的恒湿控制。

设偏差 $e = d_N - d_{No}$；$e(k) = d_N(k) - d_{No}$，$k = 0,1,2,\cdots,n$；

$d_N = d_{No}$；$e = 0$，$d_S = d_{So}$；$0 < e < d_{Wo} - d_{No}$，$d_S = d_{So} - \dfrac{d_{So} - d_{S\,min}}{d_{Wo} - d_{No}}e$；$d_{Wo} - d_{No} \leqslant e$，$d_S = d_{S\,min}$。

上述分段曲线即 $d_S(k) = f[e(k)]$。

（图 1.98 是 d_S 与 e 的关系图）

上式中：d_N——夏季室内绝对含湿量测量值，g/kg；

　　　　d_{No}——夏季室内绝对含湿量设定值，g/kg；

　　　　d_S——夏季送风绝对含湿量动态设定值，g/kg；

　　　　d_{So}——夏季送风绝对含湿量设定值，g/kg；

　　　　d_{Wo}——夏季室外绝对含湿量设定值，g/kg；

　　　　$d_{S\,min}$——夏季送风绝对含湿量最小值，g/kg。

设偏差 $e' = d_S' - d_S$；$e'(k) = d_S'(k) - d_S(k)$，$k = 0,1,2,\cdots,n$；

$e' \leqslant 0$，$K_{\mathrm{III}}'' = 0$；$0 < e' < d_{No} - d_{So}$，$K_{\mathrm{III}}'' = \dfrac{1}{(d_{No} - d_{So})}e'$；$d_{No} - d_{So} \leqslant e'$，

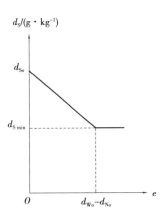

图 1.98　d_S 与 e 的关系图

$K''_{III} = 1$。

上述分段曲线即 $K''_{III} = f[e'(k)]$。

（图 1.99 是 K''_{III} 与 e' 的关系图）

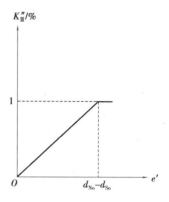

上式中：K''_{III}——由冷却除湿控制推算出的再生电加热器可控硅单位时间通断时间，% ；

d'_S——夏季送风绝对含湿量测量值，g/kg。

冷却除湿控制 1 与冷却除湿控制 2 同步进行。

4）送风机频率控制

手动设定送风机频率。

5）联锁控制

图 1.99 K''_{III} 与 e' 的关系图

Ⅰ区（加热加湿）：

开机：送风机 1、2 开，电加热器、电热加湿器开。关机：先关电加热器、电热加湿器，延时 3 min 后关送风机 1、2。

新风阀开度（%）：m、回风阀 1 开度（%）：$1-m_1$、回风阀 2 开度（%）：$1-m_2$。

Ⅱ区（冷却加湿）：

开机：送风机 1、2 开，室内机 2/室外机 2、电热加湿器开。关机时：先关室内机 2/室外机 2、电热加湿器。延时 3 min 后，关送风机 1、2。

新风阀开度（%）：m、回风阀 1 开度（%）：$1-m_1$、回风阀 2 开度（%）：$1-m_2$。

高/低压保护、涡旋压缩机过热保护、相序保护、曲轴箱过热保护、排气温度过高保护由室内机 2/室外机 2 控制器完成。

Ⅲ区（冷却降温/除湿）：

开机：送风机 1、2，再生风机，转轮开；室内机 1/室外机 1、室内机 2/室外机 2、再生电加热器开。关机时：先关室内机 1/室外机 1、室内机 2/室外机 2、再生电加热器，延时 3 min 后关送风机 1、2，再生风机，转轮。

新风阀开度（%）：m、回风阀 1 开度（%）：$1-m_1$、回风阀 2 开度（%）：$1-m_2$。高/低压保护、涡旋压缩机过热保护、相序保护、曲轴箱过热保护、排气温度过高保护由室内机 1/室外机 1 控制器完成。高/低压保护、涡旋压缩机过热保护、相序保护、曲轴箱过热保护、排气温度过高保护由室内机 2/室外机 2 控制器完成。

消防联锁：收到消防报警信号后，按各个季节关机联锁。

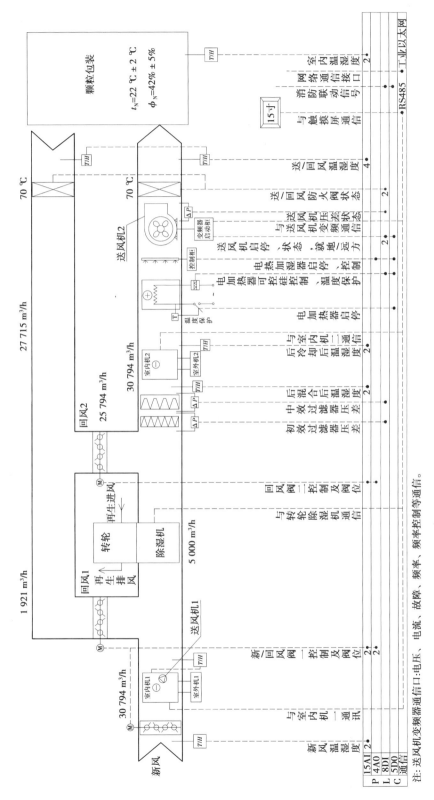

图1.81 风冷型转轮除湿空调系统控制原理图(总体控制部分)

注:送风机变频器通信、电流、故障、频率、频率控制等通信。

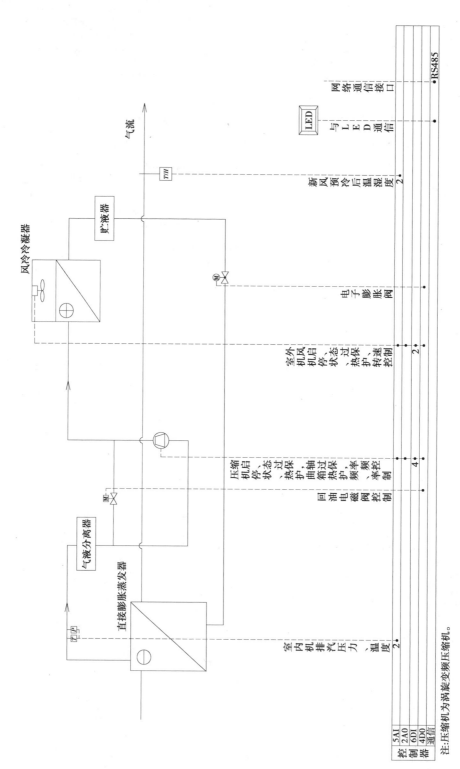

图1.82 风冷型转轮除湿空调机控制原理图(室内机1/室外机1控制部分)

注:压缩机为涡旋变频压缩机。

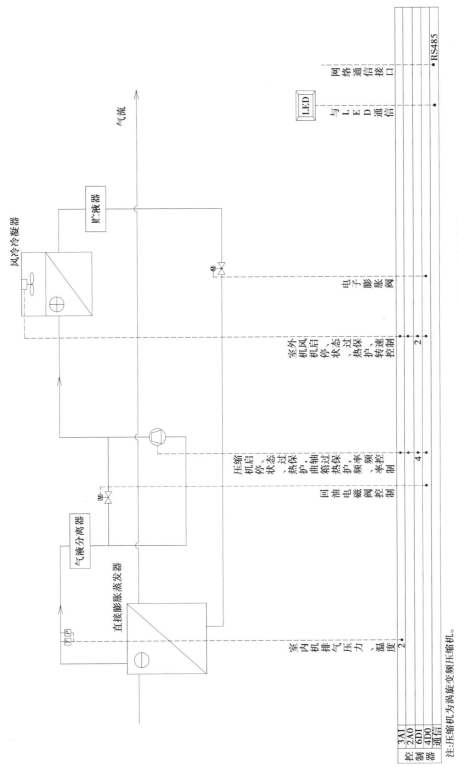

图1.83　风冷型转轮除湿空调机控制原理图(室内机2/室外机2控制部分)

注:压缩机为涡旋变频压缩机。

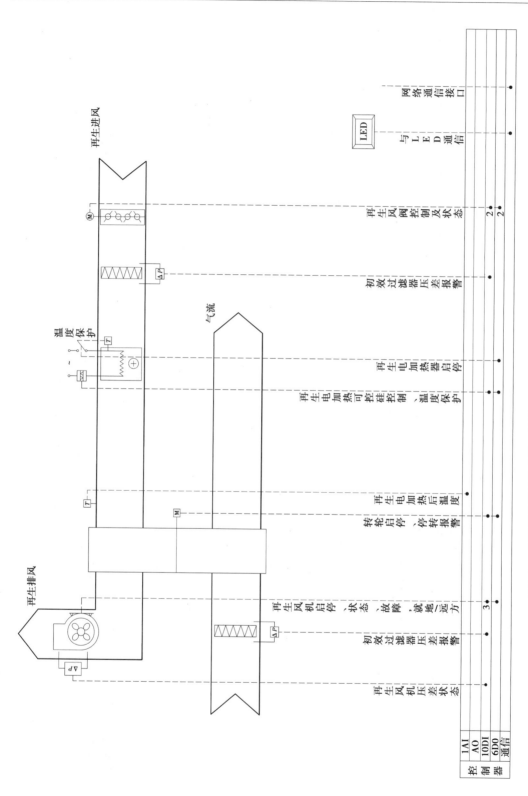

图1.84　风冷型转轮除湿空调系统控制原理图(转轮除湿机控制部分)

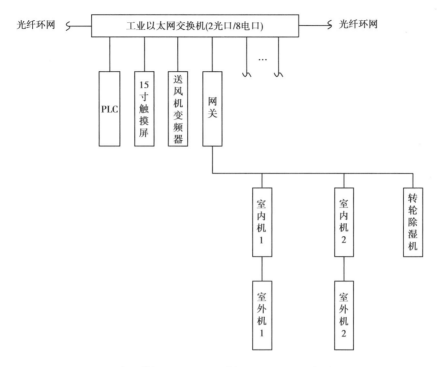

图 1.85　风冷型转轮除湿空调系统控制原理图(设备层控制网络图)

1.13　一次回风恒温恒湿空调系统全年多工况(动态分区,温湿度分控,冷水大温差)控制模型

1.13.1　一次回风恒温恒湿(动态分区,温湿度分控,冷水大温差)空调系统的组成

　　一次回风恒温恒湿(温湿分控,冷水大温差)空调系统如图 1.100 所示(图 1.100 见本节后附图)。

　　一次回风恒温恒湿(动态分区,温湿度分控,冷水大温差)空调系统由回风机段(带回风初效过滤器),新、回、排风段,中效过滤段,中间段,主、副表冷段、中间段、蒸汽加热段,蒸汽加湿段,高压微雾加湿段,送风机段组成。

　　主表冷冷水进水温度为 7 ℃,主表冷冷水出水温度为 12 ℃。①副表冷三通阀工况:(接主表冷冷水出水)副表冷冷水进水温度为 12 ℃,副表冷冷水出水温度为 17 ℃(副表冷额定冷量等于主表冷额定冷量),副表冷额定冷量小于主表冷额定冷量,副表冷冷水出水温度小于 17 ℃。②副表冷二通阀工况:副表冷冷水进水温度为 7 ℃,副表冷冷水出水温度为 12 ℃。

　　设置新风、混风、送风、室内温湿度传感器,初、中效压差传感器,回、送风风量计,冷水进出水温度传感器,蒸汽压力传感器,送、回风机压差开关;主表冷二通阀、副表冷三通阀(副表冷三通阀口径等于主表冷二通阀口径)、副表冷二通阀、蒸汽加热阀、蒸汽加湿阀、高压微雾加湿器加湿阀;送、回风机变频器,新、回、排风电动调节风阀,主表冷进风电动调节风阀,触摸屏,PLC控制器。

1.13.2　控制方法改进

以前,仅由室内温湿度测量值与设定值的偏差信号来控制主、副表冷器二通阀、副表冷三通阀、加热阀、加湿阀开度。由于房间围护结构的热惰性对室内温度有延迟作用,故出现外部或内部温度扰动时,调节机构不能及时调节冷/热量,室内温度控制精度差。

现在,由于实行了动态分区,用室内温湿度测量值与设定值的偏差信号动态设定送风温湿度的设定值,再用送风温湿度的测量值与设定值的偏差信号控制主、副表冷二通阀、主表冷进风阀、副表冷三通阀、加热阀、加湿阀开度,因此在出现外部或内部温度扰动时,调节机构能及时调节冷/热量,室内温度控制精度得到改善。

一次回风恒温恒湿(动态分区,温湿度分控,冷水大温差)空调系统适用于夏季高温高湿地区。

1.13.3　控制目标

实现房间温湿度恒定,在满足卫生要求的最小新风量和工艺排风量下尽可能节省运行费用。

1.13.4　控制对象及方法

1.阀门控制

采用动态分区来控制主、副表冷二通阀、副表冷三通阀、主表冷进风阀、加热阀、蒸汽加湿阀、高压微雾加湿器加湿阀。

2.动态分区图及说明

同图1.2所示动态分区图及说明。

3.控制方法

1)Ⅰ区(加热加湿)
主表冷进风阀全开,其他控制与1.1Ⅰ区(加热加湿)相同。

2)Ⅱ区(冷却加湿)
主表冷进风阀全开,与1.1Ⅱ区(冷却加湿)相同(仅冷水阀改为副表冷二通阀)。

3)Ⅲ区(冷却降温/除湿)
(1)冷却除湿控制
用室内绝对含湿量测量值与设定值的偏差计算送风绝对含湿量动态设定值,用送风绝对含湿量测量值与动态设定值的偏差计算主表冷二通阀开度动态设定值。用主表冷二通阀开度动态设定值与测量值的偏差信号来控制主表冷二通阀,实现对房间的恒温控制。

设偏差 $e=d_N-d_{No}$；$e(k)=d_N(k)-d_{No}$，$k=0,1,2,\cdots,n$；

$d_N=d_{No}$，$e=0$，$d_S=d_{So}$；$0<e<d_{Wo}-d_{No}$，$d_S=d_{So}-\dfrac{(d_{So}-d_{S\,min})}{d_{Wo}-d_{No}}e$；$d_{Wo}-d_{No}\leqslant e$，$d_S=d_{S\,min}$。

上述分段曲线即 $d_S(k)=f[e(k)]$。

（图 1.101 是 d_S 与 e 的关系图 ）

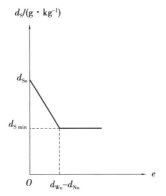

图 1.101　d_S 与 e 的关系图

上式中：d_N——夏季室内绝对含湿量测量值，g/kg；

d_{No}——夏季室内绝对含湿量设定值，g/kg；

d_S——夏季送风绝对含湿量动态设定值，g/kg；

d_{So}——夏季送风绝对含湿量设定值，g/kg；

d_{Wo}——夏季室外绝对含湿量设定值，g/kg；

$d_{S\,min}$——夏季送风绝对含湿量最小值，g/kg。

设偏差 $e'=d'_S-d_S$；$e'(k)=d'_S(k)-d_S(k)$，$k=0,1,2,\cdots,n$；

$e'\leqslant0$，$K''_{\text{III}}=0$；$0<e'<d_{No}-d_{So}$，$K''_{\text{III}}=\dfrac{1}{d_{No}-d_{So}}e'$；$d_{No}-d_{So}\leqslant e'$，$K''_{\text{III}}=1$。

上述分段曲线即 $K''_{\text{III}}=f[e'(k)]$。

（图 1.102 是 K''_{III} 与 e' 的关系图）

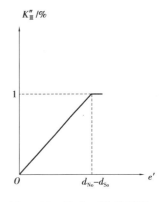

图 1.102　K''_{III} 与 e' 的关系图

上式中：d'_S——夏季送风绝对含湿量测量值，g/kg ；

K''_{III}——由冷却除湿控制推算出的主表冷二通阀开度动态设定值。

设偏差 $E=K''_{\text{III}}-K$；$E(k)=K''_{\text{III}}(k)-K(k)$，$k=0,1,2,\cdots,n$。

式中：K——主表冷二通阀开度测量值（%）。

主表冷二通阀开度增量：$\Delta K(k)=AE(k)+BE(k-1)$，$k=0$，$1,2,\cdots,n$。

其中：$A=K_P+K_I$，$B=-K_P$。

式中：K_I——积分系数，$K_I=K_PT/T_I$，T 为时间常数；

K_P——比例系数，$K_P=\dfrac{1}{\delta}$，δ 为比例带；

T,δ,T_I 可取经验值：$T=3\sim10$ s，$\delta=30\%\sim70\%$，积分时间 $T_I=0.4\sim3$ min。

$E(k-1)=K''_{\text{III}}-K(k-1)$，$k=0,1,2,\cdots,n$。

（2）冷却降温控制

当副表冷三通阀开度≤主表冷二通阀开度时，副表冷二通阀关闭。

由夏季室内温度测量值与设定值的偏差计算夏季送风温度动态设定值，由夏季送风温度测量值与动态设定值的偏差计算副表冷三通阀开度动态设定值。用副表冷三通阀开度动态设定值与测量值的偏差来控制副表冷三通阀，实现对房间的恒温控制。

设偏差 $e=t_N-t_{No}$；$e(k)=t_N(k)-t_{No}$，$k=0,1,2,\cdots,n$；

$t_N=t_{No}$，$e=0$，$t_S=t_{So}$；$0<e\leqslant(t_{Wo}-t_{No})$，$t_S=t_{So}-\dfrac{(t_{So}-t_{S\,min})}{(t_{Wo}-t_{No})}e$；$t_{Wo}-t_{No}\leqslant e$，$t_S=t_{S\,min}$。

上述分段曲线，即 $t_S(k)=f[e(K)]$。

（图 1.103 是 t_S 与 e 的关系图）

上式中：t_N——夏季室内温度测量值，℃；

$\qquad$ t_{No}——夏季室内温度设定值，℃；

$\qquad$ t_S——夏季送风温度动态设定值，℃；

$\qquad$ t_{Wo}——夏季室外温度设定值，℃；

$\qquad$ t_{So}——夏季室内送风温度设定值，℃；

$\qquad$ $t_{S\,min}$——夏季送风温度最小值，℃。

设偏差 $e' = t'_S - t_S$；$e'(k) = t'_S(k) - t_S(k)$，$k = 0,1,2,\cdots,n$；

$e' \leqslant 0, K_{\text{III}} = 0$；$0 < e' < t_{No} - t_{So}, K_{\text{III}} = \dfrac{1}{t_{No} - t_{So}} e'$；$t_{No} - t_{So} \leqslant e', K_{\text{III}} = 1$。

上述分段曲线即 $K_{\text{III}} = f[e'(k)]$。

（图 1.104 是 K_{III} 与 e' 的关系图）

上式中：K_{III}——副表冷三通阀开度动态设定值，%；

$\qquad$ t'_S——夏季送风温度测量值，℃。

设偏差 $E = K_{\text{III}} - K$；$E(k) = K_{\text{III}}(k) - K(k)$，$k = 0,1,2,\cdots,n$。

式中：K——开度测量值，%。

副表冷三通阀开度增量：$\Delta K(k) = AE(k) + BE(k-1)$，$k = 0$，$1,2,\cdots,n$。

$\qquad$ 其中：$A = K_P + K_I$，$B = -K_P$。

式中：K_I——积分系数，$K_I = K_P T / T_I$，T 为时间常数；

$\qquad$ K_P——比例系数，$K_P = \dfrac{1}{\delta}$，δ 为比例带；

T, δ, T_I 可取经验值：$T = 3 \sim 10\ \text{s}$，$\delta = 30\% \sim 70\%$，积分时间 $T_I = 0.4 \sim 3\ \text{min}$。

$E(k-1) = K_{\text{III}}(k) - K(k-1)$，$k = 0,1,2,\cdots,n$。

当副表冷三通阀开度>主表冷二通阀开度时，副表冷三通阀关闭（旁路）。

用夏季室内温度测量值与设定值的偏差计算夏季送风温度动态设定值，用夏季送风温度测量值与动态设定值的偏差计算副表冷二通阀开度动态设定值。用副表冷二通阀开度动态设定值与测量值的偏差来控制副表冷二通阀，实现对房间的恒温控制。

副表冷二通阀控制模型与副表冷三通阀控制模型相同（仅副表冷三通阀改为副表冷二通阀）。

（3）主表冷进风阀控制

设主表冷进风阀最小开度为 30%，主表冷二通阀开度≤30%，主表冷进风阀开度为 30%，30%<主表冷二通阀开度≤100%。主表冷进风阀开度与主表冷二通阀开度同步控制（两者开度相同）。

4）新、回、排风阀控制

采用冬季、冬季过滤季、夏季过滤季、夏季室外温度与室内温度设定值的偏差来控制新、回、排风阀开度。其控制模型与 1.2 节的新、回、排风阀控制模型相同。

5）送风机频率控制

同 1.2 节的送风机频率控制。

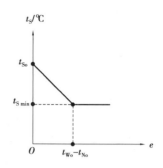

图 1.103　t_S 与 e 的关系图

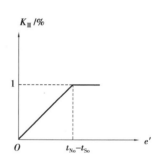

图 1.104　K_{III} 与 e' 的关系图

6）回风机频率控制

同 1.2 节的回风机频率控制。

7）联锁控制

冬季：开机时，送、回风机开，新、排风阀开，主表冷进风阀开，回风阀关，加热阀、蒸汽加湿阀开。

关机时，先关加热阀、蒸汽加湿阀，延时 3 min 后关送、回风机，关新、排风阀，关主表冷进风阀，开回风阀。

冬季过渡季：开机时，送、回风机开，新、排风阀开，主表冷进风阀、回风阀关，加热阀、蒸汽加湿阀开。关机时，先关加热阀、蒸汽加湿阀，延时 3 min 后关送、回风机，关新、排风阀，关主表冷进风阀，开回风阀。

夏季过渡季：开机时，送、回风机开，新、排风阀开，主表冷进风阀开，回风阀关，副表冷二通阀、高压微雾加湿器加湿阀/蒸汽加湿阀开。关机时，先关副表冷二通阀、高压微雾加湿器加湿阀/蒸汽加湿阀，延时 3 min 后关送、回风机，关新、排风阀，关主表冷进风阀，开回风阀。

夏季：开机时，送、回风机开，新、排风阀开，主表冷进风阀开，回风阀关，主表冷二通阀/副表冷三通阀开。关机时，先关主表冷二通阀/副表冷三通阀，延时 3 min 后关送、回风机，关新、排风阀，关主表冷进风阀，开回风阀。

消防联锁：收到消防报警信号后，按各个季节关机联锁。

防冻联锁：防冻开关报警（+5 ℃）后，加热阀开度开至 1%。

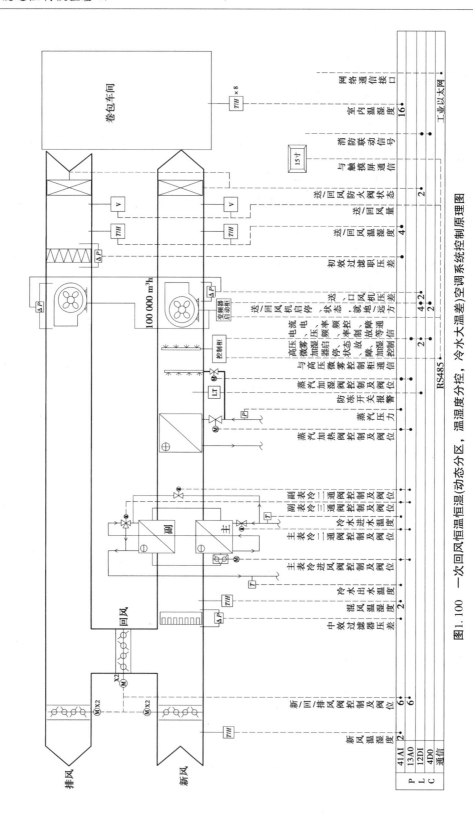

图1.100　一次回风恒温恒湿(动态分区，温湿度分栏，冷水大温差)空调系统控制原理图

· 90 ·

第**2**章
实验室通风控制模型

2.1 通风控制

实验室通风控制原理图如图2.1—图2.5所示。(图2.1—图2.5见本节后附图)。

实验室通风控制系统由新风空调机控制系统、排风机控制系统、房间控制系统、通风柜控制系统、中央监控系统组成。

(1)新风空调机控制系统

新风空调机控制系统由新风空调控制器、触摸屏、送风温度传感器、压差开关(初效过滤器/中效过滤器/送风机)、防冻开关、压差传感器(送风总管)、新风电动调节阀、电动调节阀(冷、热水阀)、防火阀(带电信号输出)、送风机变频器组成。

(2)排风机控制系统

排风机控制系统由排风机控制器、触摸屏、压差开关(废气净化箱)、防火阀(带电信号输出)、压差传感器(排风总管)、排风机变频器组成。

(3)房间控制系统

房间控制系统由房间控制器,触摸屏,送、排风电动调节风阀,室内压差传感器组成。

(4)通风柜控制系统

通风柜控制系统由通风柜控制器、触摸屏、排风电动调节风阀(文丘里电动调节风阀)、热膜式风量计(排风管)、视窗高度传感器等组成。

(5)中央监控系统

中央监控系统由监控服务器(含液晶显示屏)、短信报警模块、以太网交换机组成。

2.1.1 通风柜面风速的控制

通风柜排风管上设有风量传感器,通风柜设有观测窗高度传感器。面风速测量值 $V=L/$ ($bh3600$)(m/s),其中 L 为通风柜风量(m^3/h), b 为观测窗宽度(m), h 为观测窗高度(m),面

风速设定值 $V_o=0.5$ m/s，用面风速的测量值与设定值的偏差信号控制通风柜排风阀开度，以便使通风柜的面风速恒定。

要求通风柜控制器带 RS485 通信功能。通风柜控制由通风柜厂家负责，自控公司负责与通风柜控制器 RS485 通信。

设偏差 $e=V-V_o$；$e(k)=V(k)-V_o$，$k=0,1,2,\cdots,n$；

$e\leqslant V_{min}-V_o$，$K_I=1$；$V_{min}-V_o<e<V_{max}-V_o$，$K_I=\dfrac{K_{I\,min}-1}{V_{max}-V_{min}}[e-(V_{min}-V_o)]+1$；$V_{max}-V_o\leqslant e$，$K_I=0$。

上述分段曲线即 $K_I(k)=f[e(k)]$。

（如图 2.6 是 K_I 与 e 的关系图）

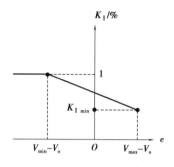

上式中：V——通风柜面风速测量值，m/s；

V_o——通风柜面风速设定值，$V_o=0.5$ m/s；

K_I——通风柜排风管电动排风阀开度动态设定值，%；

$K_{I\,min}$——通风柜排风管电动排风阀开度最小值，%；

V_{max}——通风柜面风速最大值，m/s；

V_{min}——通风柜面风速最小值，m/s。

设偏差 $E=K_I-K$；$E(k)=K_I(k)-K(k)$，$k=0,1,2,\cdots,n$。

图 2.6 K_I 与 e 的关系图

式中：K——通风柜排风管电动排风阀开度测量值，%。

通风柜排风管电动排风阀开度增量 $\Delta K(k)=AE(k)+BE(k-1)$，$k=0,1,2,\cdots,n$。

其中：$A=K_P+K_I$，$B=-K_P$。

式中：K_I——积分系数，$K_I=K_PT/T_I$，T 为时间常数；

K_P——比例系数，$K_P=\dfrac{1}{\delta}$，δ 为比例带；

T,δ,T_I 可取经验值：$T=1\sim5$ s，$\delta=40\%\sim100\%$，积分时间 $T_I=0.1\sim1$ min。

$E(k-1)=K_I(k)+K(k-1)$，$k=0,1,2,\cdots,n$。

2.1.2 万向罩排风控制

万向罩工作时，开启其开关风阀，停止时关闭其开关风阀。万向罩房间总管上设有风量传感器。

2.1.3 房间排风控制

房间排风管上设有风量传感器，根据通风柜的风量、万向罩的风量、房间排风量计算出房间总排风量，与按最小换气次数计算的房间排风量给定值进行比较。如果前者的实时风量值与后者的给定值相等，则房间排风阀开度保持不变；如果前者大于后者，则将房间排风阀调小，直到将排风阀全关，反之，若前者小于后者，则对房间排风阀逐步加大开度，直到补全不足部分风量。房间排风量给定值可按照实验室工作排班控制定时改变，比如事故时，室内最小换气次数按 12 次/时计算；白天工作期间，室内最小换气次数按 6 次/时计算，夜间最小换气次数按 2 次/时计算。定时改变给定值，即可实现节能的值班排风控制，也满足事故时对排风量的要求。

房间排风阀控制模型

设偏差 $e=L-L_o$；$e(k)=L(k)-L_o$，$k=0,1,2,\cdots,n$。

式中:L——房间排风量测量值,$\mathrm{m^3/h}$;

　　L_o——房间排风量设定值,$\mathrm{m^3/h}$。

$L(k)=L_\mathrm{o}$;$e(k)=0$,$L(k)=L_\mathrm{min}$;$e(k)=L_\mathrm{min}-L_\mathrm{o}$。

$e\leqslant(L_\mathrm{min}-L_\mathrm{o})$,$K_\mathrm{P}=1$;$L_\mathrm{min}-L_\mathrm{o}<e<0$,$K_\mathrm{P}=\dfrac{1}{L_\mathrm{min}-L_\mathrm{o}}[e-(L_\mathrm{min}-L_\mathrm{o})]+1$;$0\leqslant e$,$K_\mathrm{P}=0$。

上述分段曲线即 $K_\mathrm{P}(k)=f(e)$。

（图 2.7 是 K_P 与 e 的关系图）

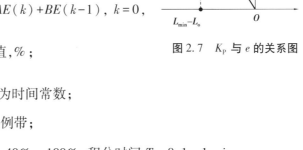

上式中:L——房间排风量测量值,$\mathrm{m^3/h}$;

　　L_o——房间排风量设定值,$\mathrm{m^3/h}$;

　　L_min——房间排风量最小值,$\mathrm{m^3/h}$;

　　K_P——房间排风阀开度动态设定值,%。

设偏差 $E=K_\mathrm{P}-K_\mathrm{P}'$,即 $E(k)=K_\mathrm{P}(k)-K_\mathrm{P}'(k)$,$k=0,1,2$,$\cdots,n$。

房间排风阀开度增量:$\Delta K_\mathrm{P}(k)=AE(k)+BE(k-1)$,$k=0$,$1,2,\cdots,n$。

上式中:K_P'——房间排风阀开度测量值,%;

　　其中:$A=K_\mathrm{P}+K_\mathrm{I}$,$B=-K_\mathrm{P}$。

式中:K_I——积分系数,$K_\mathrm{I}=K_\mathrm{P}T/T_\mathrm{I}$,$T$ 为时间常数;

　　K_P——比例系数,$K_\mathrm{P}=\dfrac{1}{\delta}$,$\delta$ 为比例带;

T,δ,T_I 可取经验值:$T=1\sim5\ \mathrm{s}$,$\delta=40\%\sim100\%$,积分时间 $T_\mathrm{I}=0.1\sim1\ \mathrm{min}$。

$E(k-1)=K_\mathrm{P}(k)+K_\mathrm{P}'(k-1)$,$k=0,1,2,\cdots,n$。

图 2.7　K_P 与 e 的关系图

2.1.4　房间送风控制

1.送风阀控制模型 1（补风量差值控制方案）

将房间总排风量乘以 0.9,以所得结果作为房间送风量给定值,将其与房间送风量测量值进行比较后得出偏差信号,用此偏差信号控制房间送风阀开度。

设偏差 $e=L-L_\mathrm{o}$;$e(k)=L(k)-L_\mathrm{o}$,$k=0,1,2,\cdots,n$;

$L(k)=L_\mathrm{o}$,$e(k)=0$;$L(k)=L_\mathrm{min}$,$e(k)=L_\mathrm{min}-L_\mathrm{o}$。

$e\leqslant(L_\mathrm{min}-L_\mathrm{o})$,$K_\mathrm{S}=1$;$(L_\mathrm{min}-L_\mathrm{o})<e<0$,$K_\mathrm{S}=\dfrac{1}{L_\mathrm{min}-L_\mathrm{o}}[e-(L_\mathrm{min}-L_\mathrm{o})]+1$;$0\leqslant e$,$K_\mathrm{S}=0$。

上述分段曲线即 $K_\mathrm{S}=f(e)$。

（图 2.8 是 K_S 与 e 的关系图）

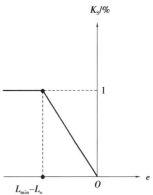

上式中:L——房间送风量测量值,$\mathrm{m^3/h}$;

　　L_o——房间送风量设定值($\mathrm{m^3/h}$),$L_\mathrm{o}=0.9L_\mathrm{o}'$;

　　L_o'——房间排风量设定值,$\mathrm{m^3/h}$;

图 2.8　K_S 与 e 的关系图

K_S——送风阀开度动态设定值,%。

设偏差 $E = K_S - K'_S$;$E(k) = K_S(k) - K'_S(k)$,$k = 0,1,2,\cdots,n$。

房间送风阀开度增量:$\Delta K_S(k) = AE(k) + BE(k-1)$,$k = 0,1,2,\cdots,n$。

上式中:K'_S——送风阀开度测量值,%;

其中:$A = K_P + K_I$,$B = -K_P$。

式中:K_I——积分系数,$K_I = K_P T/T_I$,T 为时间常数;

K_P——比例系数,$K_P = \dfrac{1}{\delta}$,δ 为比例带;

T,δ,T_I 可取经验值:$T = 1 \sim 5\text{ s}$,$\delta = 40\% \sim 100\%$,积分时间 $T_I = 0.1 \sim 1\text{ min}$。

$E(k-1) = K_S(k) + K'_S(k-1)$,$k = 0,1,2,\cdots,n$。

2. 送风阀控制模型 2(室内压差控制方案)

将室内压差传感器测量值与设定值进行比较,根据偏差大小,调节房间送风阀开度。

设偏差 $e = \Delta P - \Delta P_o$;$e(K) = \Delta P(k) - \Delta P_o$,$k = 0,1,2,\cdots,n$。

$\Delta P(k) = \Delta P_o$,$e(k) = 0$;$\Delta P(k) = \Delta P_{\min}$,$e(k) = \Delta P_{\min} - \Delta P_o$。

$e \leqslant \Delta P_{\min} - \Delta P_o$,$K_S = 1$;$\Delta P_{\min} - \Delta P_o < e < 0$,$K_S = \dfrac{1}{\Delta P_{\min} - \Delta P_o}[e - (\Delta P_{\min} - \Delta P_o)] + 1$;$0 \leqslant e$,$K_S = 0$。

上述分段曲线即 $K_S = f(e)$。

(图 2.9 是 K_S 与 e 的关系图)

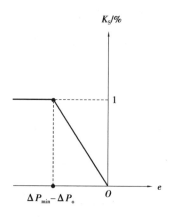

上式中:ΔP——房间压差测量值,Pa;

ΔP_o——房间压差设定值,Pa;

$\Delta P_{\min}$——房间压差最小值,Pa;

K_S——房间送风阀开度动态设定值,%。

设偏差 $E = K_S - K'_S$;$E(k) = K_S(k) - K'_S(k)$,$k = 0,1,2,\cdots,n$。

房间送风阀开度增量:$\Delta K_S(k) = AE(k) + BE(k-1)$。

上式中:K'_S——房间送风阀开度测量值,%。

其中:$A = K_P + K_I$,$B = -K_P$。

式中:K_I——积分系数,$K_I = K_P T/T_I$,T 为时间常数;

图 2.9 K_S 与 e 的关系图

K_P——比例系数,$K_P = \dfrac{1}{\delta}$,δ 为比例带;

T,δ,T_I 可取经验值:$T = 3 \sim 10\text{ s}$,$\delta = 30\% \sim 70\%$,积分时间 $T_I = 0.4 \sim 3\text{ min}$。

注:对少数房间的重要性要求低(如男、女更衣室等),因此仅设房间送、排风电动调节风阀,在工作时间,排风阀阀位100%,送风阀阀位80%;在非工作时间,排风阀阀位45%,送风阀阀位25%。

2.1.5 送、排风机控制

送、排风机转速变频控制:根据送、排风总管静压设定值与测量值的偏差信号,改变送、排风机转速,维持管道内压力稳定。当排风机频率降到下限 12.5 Hz 时,若仍需减小负压,则维持排风机频率下限 12.5 Hz 不变,调节排风总管的电动调节风阀开度来维持排风总管压力稳定。

1. 送风机定静压控制

根据送风总管静压测量值与设定值的偏差信号及送风机频率下限来控制送风机变频器频率,实现送风总管定静压控制。

设偏差 $e=\Delta P-\Delta P_o$;$e(k)=\Delta P(k)-\Delta P_o,k=0,1,2,\cdots,n$。

$e\leqslant 0$,$f_1=50\ H_Z$;$0<e<P_{\max}-\Delta P_o$,$f_1=\dfrac{m-50}{\Delta P_{\max}-\Delta P_o}e+50$;$\Delta P_{\max}-\Delta P_o\leqslant e$,$f_1=m$。

上述分段曲线即 $f_1=f(e)$。

(图 2.10 是 f_1 与 e 的关系图)

上式中:ΔP——送风总管静压测量值,Pa;

　　　　ΔP_o——送风总管静压设定值。

送风机采用变频专用电机,送风机频率下限 $m=12.5\ Hz$。

设偏差 $E=f-f_1$;$E(k)=f(k)-f_1(k)$,$k=0,1,2,\cdots,n$。

送风机频率增量:$\Delta f(k)=AE(k)+BE(k-1)$,$k=0,1,2,\cdots,n$。

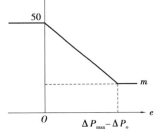

图 2.10　f_1 与 e 的关系图

上式中:f——送风机频率测量值,Hz;

　　　其中:$A=K_P+K_I$,$B=-K_P$。

式中:K_I——积分系数,$K_I=K_PT/T_I$;

　　K_P——比例系数,$K_P=\dfrac{1}{\delta}$,δ 为比例带;

T,δ,T_I 可取经验值:$T=3\sim10\ s$,$\delta=30\%\sim70\%$,积分时间 $T_I=0.4\sim3\ min$。

$E(k-1)=f(k-1)-f_1(k)$,$k=0,1,2,\cdots,n$。

2. 排风机及排风总管电动调节风阀定静压控制

根据排风总管静压测量值与设定值的偏差信号及排风机频率下限分程控制排风机频率与排风总管电动调节风阀。

频率动态设定值 f_o 及开度动态设定值 ϕ_o 的确定过程如下。

设偏差 $e=\Delta P-\Delta P_o$;$e(k)=\Delta P(k)-\Delta P_o$,$k=0,1,2,\cdots,n$。

$e\leqslant 0$,$f=50\ Hz$,$\phi=0$;$0<e<0.5(\Delta P_m-\Delta P_o)$,$f=50-\dfrac{37.5}{0.5(\Delta P_m-\Delta P_o)}e$,$\phi=0$;

$0.5(\Delta P_m-\Delta P_o)\leqslant e\leqslant\Delta P_m-\Delta P_o$,$f=12.5\ Hz$,$\phi=\dfrac{50e}{0.5(\Delta P_m-\Delta P_o)}-50$。

上述分段曲线即 $f=f(e)$，$\phi=\phi(e)$。

（图 2.11 是 f、ϕ 与 e 的关系图）

上式中：ΔP_o——排风总管静压设定值，Pa；

$\quad\quad\quad$ ΔP——排风总管静压测量值，Pa；

$\quad\quad\quad$ ΔP_m——排风总管静压最大值，Pa；

（注：排风机变频专用电机频率下限为 12.5 Hz。）

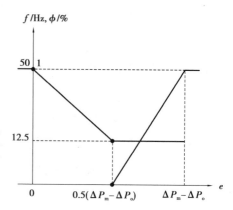

图 2.11 f、ϕ 与 e 的关系图

由上述可知：$f=f(e)$，$\phi=\phi(e)$ 均为分段函数，可分别作为排风机频率动态设定值 f_o 和排风总管电动调节风阀开度动态设定值 ϕ_o。

设偏差 $E=f-f_o$；$E(k)=f(k)-f_o(k)$，$k=0,1,2,\cdots,n$。

排风机频率增量：$\Delta f(k)=AE(k)+BE(k-1)$，$k=0,1,2,\cdots,n$。

上式中：f——排风机频率测量值，Hz，

$\quad\quad\quad$ f_o——排风机频率动态设定值，Hz。

其中：$A=K_P+K_I$，$B=-K_P$。

式中：K_I——积分系数，$K_I=K_P T/T_I$，T 为时间常数；

$\quad\quad$ K_P——比例系数，$K_P=\dfrac{1}{\delta}$，δ 为比例带；

T，δ，T_I 可取经验值：$T=3\sim10$ s，$\delta=30\%\sim70\%$，积分时间 $T_I=0.4\sim3$ min。

$E(k-1)=f(k)-f_o(k-1)$，$k=0,1,2,\cdots,n$。

3. 排风总管电动调节阀开度控制

设偏差 $E=\phi-\phi_o$，$E(k)=\phi(k)-\phi_o(k)$，$k=0,1,2,\cdots,n$。

排风总管电动调节风阀开度增量：$\Delta\phi(k)=AE(k)+BE(k-1)$，$k=0,1,2,\cdots,n$。

上式中：ϕ——排风总管电动调节风阀开度测量值，%；

$\quad\quad\quad$ ϕ_o——排风总管电动调节风阀开度动态设定值，%。

其中：$A=K_P+K_I$，$B=-K_P$。

式中：K_I——积分系数，$K_I=K_P T/T_I$，T 为时间常数；

$\quad\quad$ K_P——比例系数，$K_P=\dfrac{1}{\delta}$，δ 为比例带；

T，δ，T_I 可取经验值：$T=3\sim10$ s，$\delta=30\%\sim70\%$，积分时间 $T_I=0.4\sim3$ min。

$E(k-1)=\phi(k)-\phi_o(k-1)$，$k=0,1,2,\cdots,n$。

房间送、排风风量计：建议采用热膜式风量计测定送、排风管中心点风速 V(m/s)，

送、排风管平均风速 $V_P=0.9V$(m/s)（某公司提供的数据）；送、排风管风量 $L=3\,600\,FV_P$(m³/h)，F 为送、排风管迎风面积(m²)。

房间压差传感器采用量程为 $-25\sim0$ Pa 的产品。送、排风管风阀采用对开多叶风阀，其电动调节风阀执行器采用快速执行器(调节时间 $\leqslant3$ s)，要求调节时间 $\leqslant1$ s，采用文丘里风阀。

2.1.6　联锁控制

正常开关机时的联锁控制方法如下。

①开机时,先开房间排风阀、万向罩开关风阀、试剂柜开关风阀、通风柜电动模拟风阀、排风总管电动模拟风阀,再开排风机,然后开房间送风阀,最后开新风阀及送风机;关机时,操作与上述顺序相反。

②火灾时开关机:收到火灾信号后,关闭所有房间送、排风阀,万向罩开关风阀,试剂柜开关风阀,通风柜电动模拟风阀,送、排风总管电动开关风阀,电动模拟风阀。关闭所有送、排风机。

③废气吸收塔过滤器阻力达到 800 Pa 时报警,提示操作人员及时更换活性炭。

④联锁控制:冷热水阀、新风阀与送风机联锁。

2.2　新风空调机控制

新风空调机只承担新风冷热负荷,室内冷热负荷由风机盘管/多联机承担。

夏季/冬季模式转换:由冷热水温度确定模式。冷水温度 7 ℃为夏季模式,热水温度 45 ℃为冬季模式。

2.2.1　夏季模式

送风温度设定值 $t_{So} = 26$ ℃。

以送风温度设定值与测量值的偏差信号控制冷热水阀开度,实现送风温度恒定。

夏季设偏差 $e = t_{So} - t_S$;$e(k) = t_{So} - t_S(k)$,$k = 0, 1, 2, \cdots, n$。$e \leq 0$,$K_1 = 0$;$0 < e < t_{No} - t_{So}$,$K_1 = \dfrac{1}{t_{No} - t_{So}} e$;$t_{No} - t_{So} \leq e$,$K_1 = 1$。

上述分段曲线即 $K_1 = f[e(k)]$。

(图 2.12 是 K_1 与 e 的关系图)

上式中:t_{So}——夏季送风温度设定值,℃;

t_S——夏季送风温度测量值,℃;

K_1——冷热水阀开度动态设定值;

N_0——夏季室内温度设定值,℃;

K_1——冷热水阀开度测量值,%。

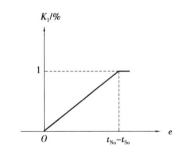

图 2.12　K_1 与 e 的关系图

夏季设偏差 $E = K_1 - K_1'$;$E(k) = K_1(k) - K_1'(k)$,$k = 0, 1, 2, \cdots, n$。

冷热水阀开度增量:$\Delta K = AE(k) + BE(k-1)$,$k = 0, 1, 2, \cdots, n$。

上式中:K_1'——冷热水阀开度测量值;

其中:$A = K_P + K_1$,$B = -K_P$;

式中：K_I——积分系数，$K_I=K_P T/T_I$，T 为时间常数；

K_P——比例系数，$K_P=\dfrac{1}{\delta}$，δ 为比例带；

T,δ,T_I 可取经验值：$T=3\sim10$ s，$\delta=30\%\sim70\%$，积分时间 $T_I=0.4\sim3$ min。

$E(k-1)=K'(k)-K(k-1)$，$k=0,1,2,\cdots,n$。

2.2.2 冬季

送风温度设定值 $t_{So}=20$ ℃。

以送风温度设定值与测量值的偏差信号控制冷热水阀开度，实现送风温度恒定。

冬季设偏差 $e=t_S-t_{So}$；$e(k)=t_S(k)-t_{So}$，$k=0,1,2,\cdots,n$。

$e\leqslant-t_{So}$，$K_2=1$；$-t_{So}<e<0$，$K_2=\dfrac{1}{-t_{So}}e$；$0\leqslant e$，$K_2=0$。

上述分段曲线即 $K_2=f[e(k)]$。

（图 2.13 是 K_2 与 e 的关系图）

上式中：t_{So}——冬季送风温度设定值，℃；

t_S——冬季送风温度测量值，℃；

K_2——冬季冷热水阀开度动态设定值，%。

设偏差 $E=K_2-K_2'$；$E(k)=K_2(k)-K_2'(k)$，$k=0,1,2,\cdots,n$。

冬季冷热水阀开度增量：$\Delta K=AE(k)+BE(k-1)$，$k=0,1,2,\cdots,n$。

上式中：K_2'——冬季冷热水阀开度测量值，%；

其中：$A=K_P+K_I$，$B=-K_P$；

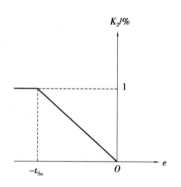

图 2.13 K_2 与 e 的关系图

式中：K_I——积分系数，$K_I=K_P T/T_I$，T 为时间常数；

K_P——比例系数，$K_P=\dfrac{1}{\delta}$，δ 为比例带；

T,δ,T_I 可取经验值：$T=3\sim10$ s，$\delta=30\%\sim70\%$，积分时间 $T_I=0.4\sim3$ min。

$E(k-1)=K_2(k)-K(k-1)$，$k=0,1,2,\cdots,n$。

2.2.3 连锁控制

①冷热水阀、新风阀与送风机联锁。

②初、中效过滤器压差达到 220 Pa 时报警，提示操作人员清洗初、中效过滤器。

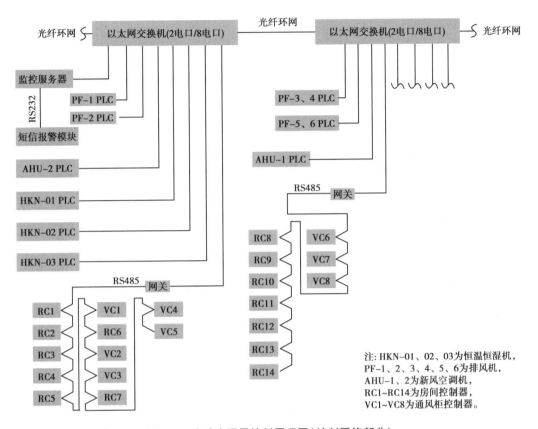

图 2.1　实验室通风控制原理图(控制网络部分)

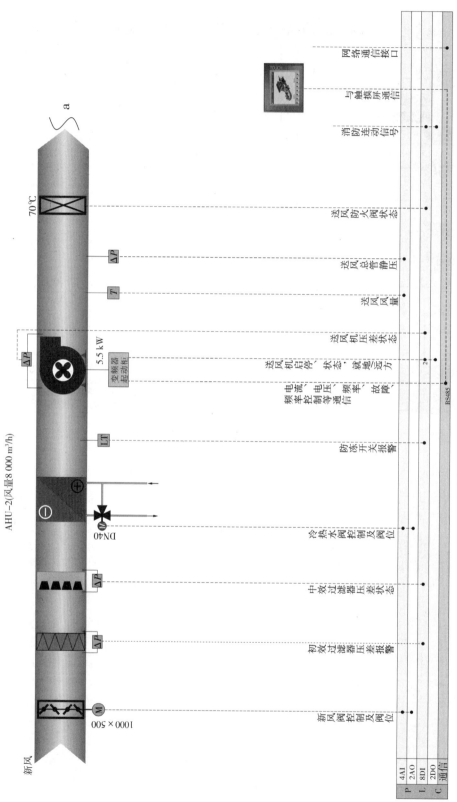

图2.2 实验室通风控制原理图(左侧新风空调机控制部分)

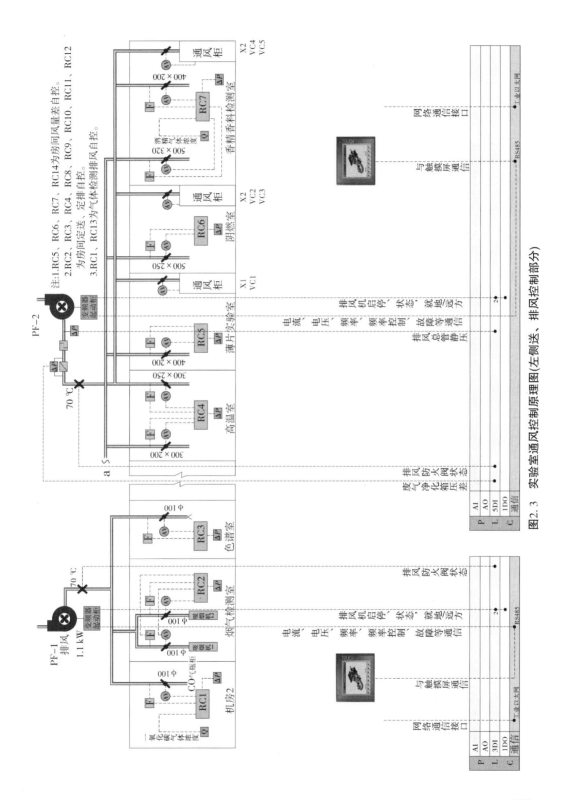

图2.3　实验室通风控制原理图(左侧送、排风控制部分)

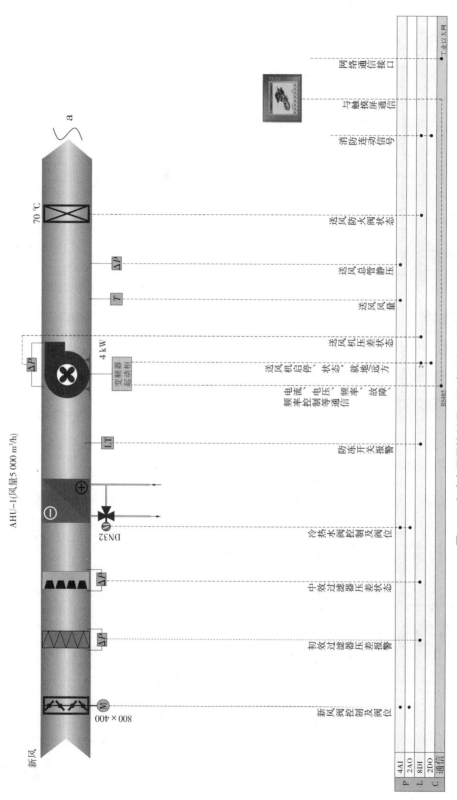

图2.4 实验室通风控制原理图(右侧新风空调机控制部分)

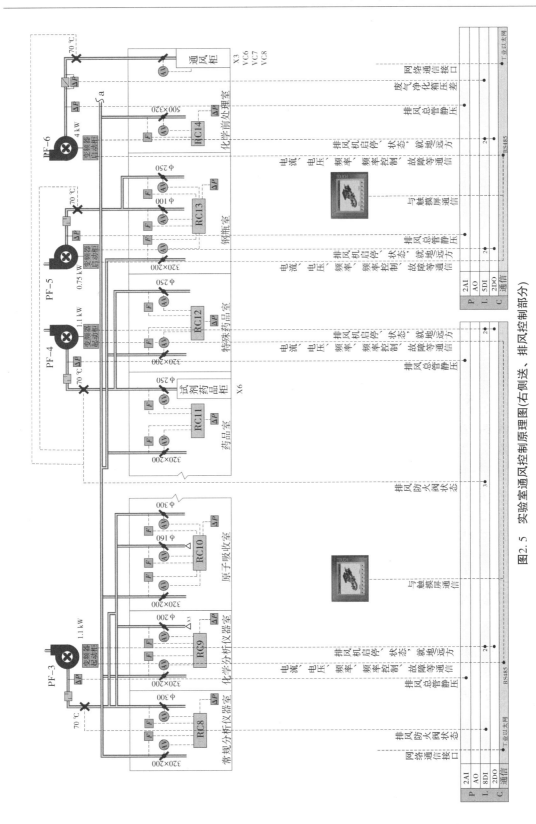

图2. 5　实验室通风控制原理图(右侧送、排风控制部分)

第3章
冷站系统控制模型

3.1 一次泵冷站系统变流量控制模型

3.1.1 一次泵冷站系统变流量控制模型的组成

一次泵冷站系统变流量控制模型如图3.1、图3.2所示。(图3.1、图3.2见本节后附图)

一次冷水泵、冷却水泵、横流式冷却塔采用并联,冷水泵、冷却水泵为二用一备。此种布置可提高设备使用的可靠性,并简化了机房管路系统。横流式冷却塔并联冷却水管路采用同程式系统(冷却塔冷却管水路进出口不设电动阀,1台冷却水泵运行时2台冷却塔运行,换热面积大,传热温差小,冷却塔冷却水出水温度低,电冷水机组能效比高,节省电冷水机组运行电耗)。旁通电动调节阀采用直线特性电动调节阀。

3.1.2 控制目标

实现冷站电冷水机组,一次冷水泵、冷却水泵、冷却塔风机自动投入运行台数,并尽可能节能运行。

3.1.3 控制对象及方法

1. 电冷水机组运行台数控制

以压缩机运行电流与额定电流的比值PLA为依据,控制机组运行台数。

加机时,若机组运行电流与额定电流的百分比大于设定值(如90%),并且持续运行10~15 min,则开启另一个机组。这种控制方式的好处是供水温度的控制精度高,在系统供水温度尚未偏离设定温度时,已经开始加机了。

同样,减机时,每台正在运转的机组的运行电流与额定电流的百分比之和除以运行机组台

数减 1,如果得到的值小于设定值(如 80%),某一台机组就会关闭。公式如下:

$$设定值(\%) \gg \frac{\sum PLA(运行机组)}{运行机组台数-1}$$

2. 冷水泵及冷水旁通阀控制(冷水泵为变频专用电机)

根据冷水供回水总管压差测量值与设定值的偏差信号、冷水泵频率下限值及运行时间、延迟时间(3 min)分程调节冷水泵运行频率、运行台数及冷水旁通阀开度,实现冷水供回水总管压差恒定及变流量节能运行。

设偏差信号 $e=\Delta P-\Delta P_o$。
上式中:ΔP_o 为旁通压差设定值,ΔP 为旁通压差测量值,ΔP_m 为旁通压差最大值,详见本书附录一。

由线性函数理论及 $f=f(e)$、$\phi=\phi(e)$ 的几个特征,可作出 $f=f(e)$、$\phi=\phi(e)$ 的函数曲线,如图 3.3 所示。

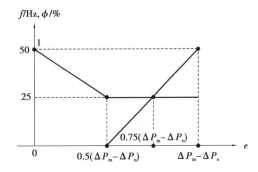

图 3.3　f、ϕ 与 e 的关系图

1)一次冷水泵变频器频率控制
$e=\Delta P(k)-\Delta P_o,k=0,1,\cdots,n$。
当 $\Delta P<\Delta P_o,e<0,f=50$ Hz,$\phi=0\%$;

当 $\Delta P_o \leq \Delta P \leq 0.5(\Delta P_m-\Delta P_o)+\Delta P_o,0\leq e\leq 0.5(\Delta P_m-\Delta P_o),f=50-\dfrac{25e}{0.5(\Delta P_m-\Delta P_o)},\phi=0\%$;

当 $0.5(\Delta P_m-\Delta P_o)+\Delta P_o<\Delta P\leq \Delta P_m,0.5(\Delta P_m-\Delta P_o)<e\leq(\Delta P_m-\Delta P_o),f=25$ Hz,$\phi=100\times\dfrac{e-0.5(\Delta P_m-\Delta P_o)}{\Delta P_m-\Delta P_o}$。

上述分段曲线即 $f=f(e)$,$\phi=\phi(e)$。

(图 3.3 是 f、ϕ、e 的关系图)

由上述可知,$f=f(e)$、$\phi=\phi(e)$ 均为分段函数,可分别作为一次冷水泵变频器频率的动态设定值 f_o 和旁通电动调节阀开度的动态设定值 ϕ_o。

设偏差 $e'=f-f_o$;$e'(k)=f(k)-f_o(k),k=0,1,2,\cdots,n$。
一次冷水泵变频器频率增量:$\Delta f(k)=Ae'(k)+Be'(k-1),k=0,1,2,\cdots,n$。
上式中:f——一次冷水泵变频器频率测量值,Hz;
$\quad\quad f_o$——一次冷水泵变频器频率动态设定值,Hz;
其中:$A=K_P+K_I,B=-K_P$;
式中:K_I——积分系数,$K_I=K_P T/T_I$,T 为时间常数;

$\quad K_P$——比例系数,$K_P=\dfrac{1}{\delta}$,δ 为比例带;

T,δ,T_I 可取经验值:$T=3\sim10$ s,$\delta=30\%\sim70\%$,积分时间 $T_I=0.4\sim3$ min。
$e'(k-1)=f(k)-f_o(k-1),k=0,1,2,\cdots,n$。
①一次冷水泵增加:当 1 台一次冷水泵频率达到上限(50 Hz),旁通压差仍低于设定值,延

迟时间(3 min)增加1台运行时间少的一次冷水泵。

②一次冷水泵减少:当2台一次冷水泵频率达到下限(25 Hz)(一次冷水泵频率下限对应冷水机组冷水流量下限,不一定为25 Hz),旁通压差仍高于设定值,延迟时间(3 min)减少1台运行时间多的一次冷水泵。

2)旁通电动调节阀开度控制

设偏差 $e=\phi-\phi_o$; $e(k)=\phi(k)-\phi_o(k)$, $k=0,1,2,\cdots,n$。

旁通电动调节阀开度增量: $\Delta\phi(k)=Ae(k)+Be(k-1)$, $k=0,1,2,\cdots,n$。

上式中: ϕ——旁通电动调节阀开度测量值,%;

　　　　ϕ_o——旁通电动调节阀开度动态设定值,%;

其中: $A=K_P+K_I$, $B=-K_P$;

式中: K_I——积分系数, $K_I=K_P T/T_I$, T 为时间常数;

　　　K_P——比例系数, $K_P=\dfrac{1}{\delta}$, δ 为比例带;

T,δ,T_I 可取经验值: $T=3\sim10$ s, $\delta=30\%\sim70\%$,积分时间 $T_I=0.4\sim3$ min。

$e(k-1)=\phi(k)-\phi_o(k-1)$, $k=0,1,2,\cdots,n$。

3. 冷却水泵控制(冷却水泵为三相异步电机)

根据冷却水供回水总管温差测量值与设定值的偏差信号、冷却水泵频率下限及运行时间、延迟时间(3 min)同步调节冷却水泵运行频率、运行台数,实现冷却水泵供回水温差恒定及变流量节能运行。

设偏差 $e=\Delta t-\Delta t_o$; $e(k)=\Delta t(k)-\Delta t_o$, $k=0,1,2,\cdots,n$。

式中: Δt——冷却水供回水总管温差测量值,℃;

　　　Δt_o——冷却水供回水总管温差设定值,℃, $\Delta t_o=5$ ℃。

$e\leqslant\Delta t_o$ 时, $f_1=35$ Hz;

$-\Delta t_o\leqslant e\leqslant0$ 时, $f_1=25\dfrac{e+\Delta t_o}{\Delta t_o}e+35$;

$e>0$ 时, $f_1=50$ Hz。

上述分段曲线即 $f_1=f(e)$。

(图3.4是 f_1 与 e 的关系图)

注:三相异步电机频率下限为30 Hz/35 Hz。

设偏差 $e=f-f_o$; $e(k)=f(k)-f_o(k)$, $k=0,1,2,\cdots,n$。

冷却水泵变频器频率增量: $\Delta f(k)=Ae(k)+Be(k-1)$, $k=0,1,2,\cdots,n$。

上式中: $f(k)$——冷却水泵频率测量值,Hz;

　　　　$f_o(k)$——冷却水泵频率动态设定值,Hz;

其中: $A=K_P+K_I$, $B=-K_P$;

式中: K_I——积分系数, $K_I=K_P T/T_I$, T 为时间常数;

　　　K_P——比例系数, $K_P=\dfrac{1}{\delta}$, δ 为比例带;

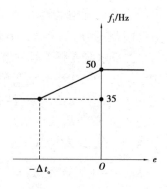

图3.4 f_1 与 e 的关系图

T,δ,T_I 可取经验值：$T=1\sim5$ s，$\delta=40\%\sim100\%$，积分时间 $T_I=0.1\sim1$ min。

$e(k-1)=f(k)-f_1(k-1)$，$k=0,1,2,\cdots,n$。

①冷却水泵增加：当 1 台冷却水泵频率达到上限（50 Hz），冷却水供回水总管温差仍低于设定值，延迟时间（3 min）增加 1 台运行时间少的冷却水泵。

②冷却水泵减少：当 2 台冷却水泵频率同步运行达到下限（35 Hz），冷却水供回水总管温差仍高于设定值，延迟时间（3 min）减少 1 台运行时间多的冷却水泵。

4. 冷却塔风机控制（冷却塔风机采用变频专用电机）

采用冷却塔冷却水出水总管温度测量值与动态设定值的偏差信号作为控制信号，延迟时间（3 min）同步调节冷却塔风机频率以适应冷却塔负荷的变化（详见本书附录二）。

$T>T_o$，$\Delta T=T-T_o$，

$T_o=0.625(t_S-28)+34+[97.2-4.056(t_S-28)](L-0.072)$；

4 ℃ $\leq t_S\leq32$ ℃，$0.036\leq L\leq0.072$ L/(S·kW)；

$T_{min}\leq T_o\leq34$ ℃，$T_{min}=14$ ℃。

$\Delta T=0$ 时，$f_1=12.5$ Hz；

$0<\Delta T\leq\dfrac{12.5(12.5-T_o)}{50}$ 时，$f_1=12.5$ Hz；

$\dfrac{12.5(12.5-T_o)}{50}<\Delta T<12.5-T_o$ 时，$f_1=50\left[\Delta T-\dfrac{12.5(12.5-T_o)}{50}\right]/(12.5-T_o)+12.5$；

$\Delta T\geq12.5-T_o$，$f_1=50$ Hz。

上述分段曲线即 $f_1=f(\Delta T)$。

（图 3.5 是 f_1 与 ΔT 的关系图）

（注：变频专用电机频率下限为 12.5 Hz。）

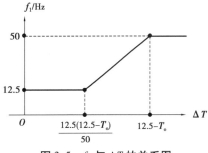

图 3.5　f_1 与 ΔT 的关系图

上式中：T——冷却塔冷却水出水总管温度测量值，℃；

$\qquad T_o$——冷却塔冷却水出水总管温度动态设定值，℃；

$\qquad t_S$——大气湿球温度，℃；

$\qquad L$——单位制冷量冷却水流量，$L=\dfrac{l}{Q}$(L/S·kW)；

$\qquad l$——冷却水流量测量值，t/s；

$\qquad Q$——冷水机组冷量测量值，kW；

$\qquad T_{min}$——电冷水机组冷却水进水温度最小值，℃。

设偏差 $e=f-f_1$；$e(k)=f(k)-f_1(k)$，$k=0,1,2,\cdots,n$。

冷却塔风机变频器频率增量：$\Delta f(k)=Ae(k)+Be(k-1)$，$k=0,1,2,\cdots,n$。

上式中：$f(k)$——冷却塔风机频率测量值；

$\qquad f_1(k)$——冷却塔风机频率动态设定值；

$\qquad$ 其中：$A=K_P+K_I$，$B=-K_P$；

式中:K_I——积分系数,$K_I = K_P T / T_I$,T 为时间常数;

$\quad K_P$——比例系数,$K_P = \dfrac{1}{\delta}$,δ 为比例带;

T, δ, T_I 可取经验值:$T = 1 \sim 5$ s,$\delta = 40\% \sim 100\%$,积分时间 $T_I = 0.1 \sim 1$ min。

$e(k-1) = f(k) - f_1(k-1)$,$k = 0, 1, 2, \cdots, n$。

①冷却塔风机增加:当 1 台冷却塔风机频率达到上限(50 Hz),冷却塔冷却水出水总管温度仍高于设定值,延迟时间(3 min)增加 1 台冷却塔风机。

②冷却塔风机减少:当 2 台冷却塔风机频率同步运行达到下限(12.5 Hz),冷却塔冷却水出水总管温度仍低于设定值,延迟时间(3 min)减少 1 台冷却塔风机。

5. 冷水温度再设定控制

过渡季时,因为冷站控制器与所有组合式恒温恒湿空调机控制器已联网,故室外温度降低时,可以一定步长逐步升高冷水机组冷水出水温度 t_{oi},当所有空调机负责的车间温、湿度 t_j, φ_j 不超过设计值($T_o + \Delta t, \varphi_o \Delta \varphi$),则可将冷水出水温度升到此值。

$t_o = 7$ ℃,$\Delta t = 0.1$ ℃

$t_{o1} = 7 + 1 \times 0.1$(℃)

$t_{o2} = 7 + 2 \times 0.1$(℃)

$t_{o3} = 7 + 3 \times 0.1$(℃)

……

$t_{oi} = 7 + i \times 0.1$(℃);$t_j \leq T_o + \Delta t$(℃)$\quad \varphi_j \leq \varphi_o + \Delta \varphi$(%)

$t_{(oi+1)} = 7 + (i+1) \times 0.1$(℃);$t_{j+1} > T_o + \Delta t$(℃)$\quad \varphi_{j+1} > \varphi_o + \Delta \varphi$(%)

其中,t_{oi} 为冷水温度再设定值。由制冷理论知,升高 t_{oi} 可提高冷水机组的蒸发温度,提高制冷效率,节省冷水机组运行耗电。

6. 联锁控制

电冷水机组冷水/冷却水进水电动蝶阀与机组联锁。

1)起机

在 $1^\#$、$2^\#$、$3^\#$ 一次冷水泵中优选运行时间少的 1 台一次冷水泵起动到频率上限(50 Hz),在 $4^\#$、$5^\#$、$6^\#$ 冷却水泵中优选运行时间少的 1 台冷却水泵起动到频率上限(50 Hz)。在 $1^\#$、$2^\#$ 冷却塔风机中优选运行时间少的 1 台冷却塔风机起动到频率上限(50 Hz),在 $1^\#$、$2^\#$ 电冷水机中优选运行时间少的 1 台电冷水机起动,开此电冷水机组冷水、冷却水进水电动蝶阀。

当 1 个电冷水机组运行电流与额定电流的比值大于设定值,并持续 $10 \sim 15$ min,则优先起动 1 台运行时间少的一次冷水泵、1 台运行时间少的冷却水泵、1 台冷却塔风机,并另起动 1 个电冷水机组。

2)停机

停电冷水机组,关电冷水机组冷水、冷却水进水电动蝶阀,延时 3 min,停冷水泵、冷却水泵、冷却塔风机。

7.软水箱/冷却塔补水阀控制

根据软水箱/冷却塔集水盘水位测量值与设定值的偏差信号来控制软水箱/冷却塔补水电动阀,实现软水箱/冷却塔集水盘水位恒定。

设偏差 $e=h-h_o$;$e(k)=h(k)-h_o$,$k=0,1,2,\cdots,n$。

式中:$h(k)$——软水箱/冷却塔集水盘水位测量值,m;

h_o——软水箱/冷却塔集水盘水位设定值,m。

$e<0$ 时,$N=1$,软水箱/冷却塔补水电动阀开;$0\leqslant e$ 时,$N=0$,软水箱/冷却塔补水电动阀关,时间常数 $T=6\sim8$ s。

(图 3.6 是 N 与 e 的关系图)

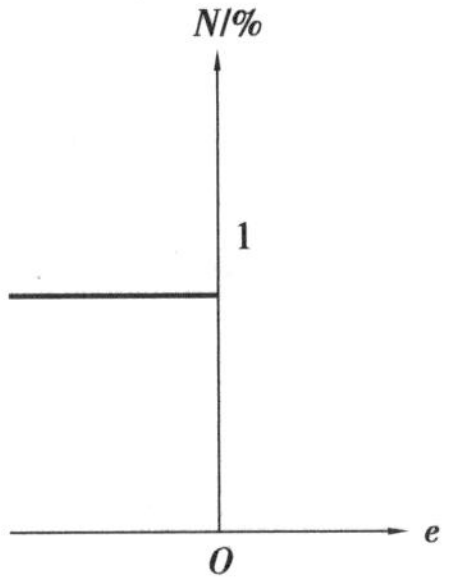

图 3.6　N 与 e 的关系图

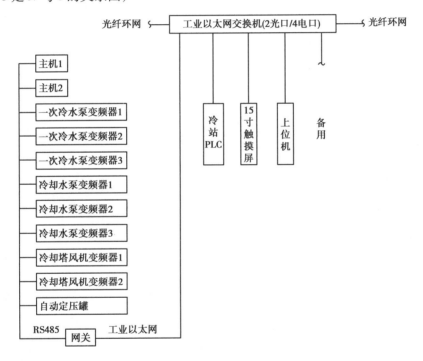

图 3.1　一次泵冷站系统设备层控制原理图

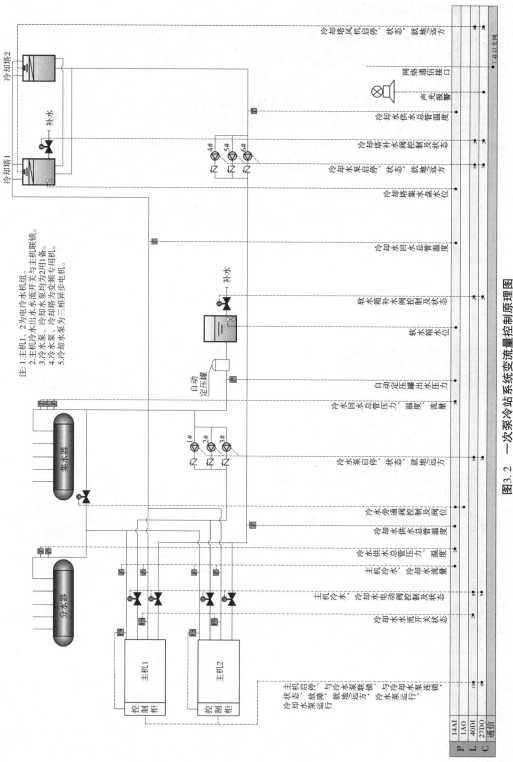

图3.2 一次泵冷站系统变流量控制原理图

3.2　二次泵冷站系统变流量控制模型

3.2.1　二次泵冷站系统变流量控制模型的组成

二次泵冷站系统变流量控制模型如图 3.7、图 3.8 所示。(图 3.7、图 3.8 见本节后附图)

一次冷水泵、二次冷水泵、冷却水泵、横流式冷却塔采用并联,一次冷水泵、二次冷水泵、冷却水泵为二用一备。此种布置可提高设备使用的可靠性,并简化了机房管路系统。横流式冷却塔并联冷却水管路采用同程式系统(冷却塔冷却管水路进出口不设电动阀,1 台冷却水泵运行时 2 台冷却塔运行,换热面积大,传热温差小,冷却塔冷却水出水温度低,电冷水机组能效比高,节省电冷水机组运行电耗)。旁通电动调节阀采用直线特性电动调节阀。

3.2.2　控制目标

实现冷站电冷水机组,一次冷水泵、二次冷水泵、冷却水泵、冷却塔风机自动投入运行台数,并尽可能节能运行。

3.2.3　控制对象及方法

1.电冷水机组运行台数控制

同一次泵冷站系统变流量控制模型。

2.二次冷水泵控制模型

1)边界条件

变频专用变频电机频率下限为 12.5 Hz。

二次冷水泵为变频专用电机,频率 f 的变化范围为 12.5 ~ 50 Hz,根据末端压差、二次冷水泵频率下限、运行时间、延迟时间(3 min)来增减二次冷水泵运行台数。

2)控制模型

设偏差 $e = \Delta P - \Delta P_o$;

式中:ΔP——末端压差测量值(kPa),1# 末端压差测量值与 2# 末端压差测量值中的最小值。

由线性函数理论及 $f = f(e)$ 的 n 个特征点可作出 $f = f(e)$ 的函数曲线,如图 3.9 所示。

当 $\Delta P < \Delta P_o$,$e < 0$,$f = 50$ Hz;

当 $\Delta P = \Delta P_o$,$e = 0$,$f = 50$ Hz;

当 $\Delta P = 1.25 \Delta P_o$,$e = 0.25 \Delta P_o$,$f = 12.5$ Hz;

当 $\Delta P > 1.25 \Delta P_o$,$e > 0.25 \Delta P_o$,$f = 12.5$ Hz;

当 $e < 0$,$f = 50$ Hz;

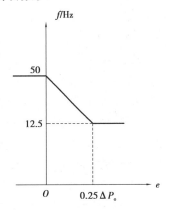

图 3.9　f 与 e 的关系图

当 $0 \leqslant e \leqslant 0.25\Delta P_o$，$f = -\dfrac{37.5e}{0.25\Delta P_o} + 50$；

当 $0.25\Delta P_o < e$，$f = 12.5$ Hz。

上述分段曲线即 $f = f(e)$。

（如图 3.9 是 f 与 e 的关系图）

3）动态设定值的确定

由上述可知 $f = f(e)$ 为线性函数，可以此函数为理论依据，以此函数的取值作为二次冷水泵频率的动态设定值 f_o，以便进行下一步分析。

4）二次冷水泵频率的控制（同步调节所有二次冷水泵）

由自动调节理论知：

偏差 $e = f - f_o$，$e(k) = f(k) - f_o(k)$，$k = 0, 1, 2, \cdots, n$。

二次冷水泵频率增量：$\Delta f(k) = Ae(k) + Be(k-1)$。

式中：$f(k)$——二次冷水泵频率测量值，Hz；

$\quad f_o(k)$——二次冷水泵频率动态设定值，Hz；

其中：$A = K_P + K_I$，$B = -K_P$；

式中：K_I——积分系数，$K_I = K_P T/T_I$，T 为时间常数；

$\quad K_P$——比例系数，$K_P = \dfrac{1}{\delta}$，δ 为比例带；

T, δ, T_I 可取经验值：$T = 3 \sim 10$ s，$\delta = 30\% \sim 70\%$，积分时间 $T_I = 0.4 \sim 3$ min。

$e(k-1) = f(k) - f_o(k-1)$，$k = 0, 1, 2, \cdots, n$。

①二次冷水泵增加：当1台二次冷水泵频率达到上限（50 Hz），旁通压差仍低于设定值，延迟时间（3 min）增加1台运行时间少的二次冷水泵。

②二次冷水泵减少：当2台二次冷水泵频率达到下限（12.5 Hz），旁通压差仍高于设定值，延迟时间（3 min）减少1台运行时间多的二次冷水泵。

3.一次冷水泵控制模型

1）一次冷水泵频率的设定

根据电冷水机组蒸发器额定流量，手动设定一次冷水泵频率。

2）单参数控制

（1）边界条件

三相异步电机频率下限为 30 Hz 或 35 Hz。

一次冷水泵为进口三相异步电机，考虑到电机散热及要保证冷水机组蒸发器的最小安全运行流量，频率变化范围为 30 ~ 50 Hz，根据旁通压差、一次冷水泵频率的上下限及运行时间、延迟时间（3 min）增减一次冷水泵运行台数。

（2）控制模型

定义：f 为一次冷水泵运行频率，Hz；

$\quad \Delta P_o$ 为旁通压差设定值，kPa；

（选择夏季室外设计温度下所有二次冷水泵以频率 50 Hz 运行，同步调节所有一次冷水泵频率,以最小旁通压差作为旁通压差设定值。)

ΔP——旁通压差测量值,kPa;

(选择平时测量的旁通压差作为旁通压差测量值。)

设偏差 $e = \Delta P - \Delta P_o$,

根据线性函数理论及 $f = f(e)$ 的 n 个特征点,作出 $f(e)$ 的函数曲线,如图3.10所示。

当 $\Delta P < \Delta P_o$,$e < 0$,$f = 50$ Hz;

当 $\Delta P_o \leqslant \Delta P \leqslant 1.3\Delta P_o$,$0 \leqslant e \leqslant 0.3\Delta P_o$,$f = -\dfrac{20e}{0.3\Delta P_o} + 50$;

当 $1.3\Delta P_o < \Delta P$,$0.3\Delta P_o < e$,$f = 30$ Hz。

上述分段曲线即 $f = f(e)$。

(如图3.10是 f 与 e 的关系图)

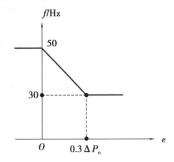

图3.10　f 与 e 的关系图

3)三参数控制

(1)边界条件

三相异步电机频率下限为30 Hz或35 Hz。

一次冷水泵为进口三相异步电机,考虑到电机散热及要保证冷水机组蒸发器的最小安全运行流量,频率变化范围为30～50 Hz,根据旁通压差、旁通流量、冷水回水总管温度、一次冷水泵频率下限及运行时间、延迟时间增减一次冷水泵运行台数。

(2)控制模型

定义:f 为一次冷水泵运行频率,Hz;

ΔP_o、L_o、t_o 分别为旁通压差设定值,kPa,旁通流量设定值(m^3/h),冷水回水总管温度设定值(℃)。选择夏季室外设计温度下所有二次冷水泵设定频率运行,同步调节所有一次冷水泵频率,以旁通压差最小、旁通流量最小、冷水回水总管温度最小时的旁通压差、旁通流量、冷水回水总管温度作为旁通压差设定值、旁通流量设定值、冷水回水总管温度设定值,ΔP_o、L_o、t_o 均转为4～20 mA DC信号(或设定相对值)。

ΔP,L,t 分别为旁通压差测量值(kPa),旁通流量测量值(m^3/h),冷水回水总管温度测量值(℃)。ΔP,L,t 均转为4～20 mA DC信号(或测量相对值)。

设偏差 $e = (\Delta P - \Delta P_o) + (L - L_o) + (t_o - t)$。

$\Delta P < \Delta P_o$,$L < L_o$,$t > t_o$,$e < 0$,$f = 50$ Hz;

$\Delta P_o \leqslant \Delta P \leqslant 1.3\Delta P_o$,$L_o \leqslant L \leqslant 1.3L_o$,$t_o \geqslant t \geqslant 0.7t_o$,

$0 \leqslant e \leqslant 0.3(\Delta P_o + L_o + t_o)$,$f = -\dfrac{20e}{0.3(\Delta P_o + L_o + t_o)} + 50$;

$1.3\Delta P_o < \Delta P$,$1.3L_o < L$,$0.3(\Delta P_o + L_o + t_o) < e$,$f = 30$ Hz。

上述分段曲线即 $f = f(e)$。

(如图3.11是 f 与 e 的关系图)

(3)动态设定值的确定

由上述可知 $f = f(e)$ 为分段函数,可以此函数为理论根据,以此函数的取值作为一次冷水泵频率的动态设定值 f_o,以便进行下一步分析。

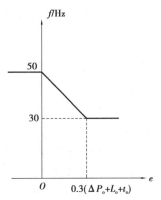

图3.11　f 与 e 的关系图

（4）一次冷水泵频率的控制（同步调节所有一次冷水泵）

由自动调节理论知：

偏差 $e=f-f_o$；$e(k)=f(k)-f_o(k)$，$k=0,1,2,\cdots,n$。

一次冷水泵频率增量：$\Delta f(k)=Ae(k)+Be(k-1)$，$k=0,1,2,\cdots,n$。

上式中：$f(k)$——一次冷水泵频率测量值；

$\qquad f_o(k)$——一次冷水泵频率动态设定值；

$\qquad$ 其中：$A=K_P+K_I+K_D$，$B=-K_P$；

式中：K_I——积分系数，$K_I=K_PT/T_I$，T 为时间常数；

$\qquad K_P$——比例系数，$K_P=\dfrac{1}{\delta}$，δ 为比例带；

T,δ,T_I 可取经验值：$T=3\sim10\ \text{s}$，$\delta=30\%\sim70\%$，积分时间 $T_I=0.4\sim3\ \text{min}$。

$e(k-1)=f(k)-f_o(k-1)$，$k=0,1,2,\cdots,n$。

①一次冷水泵增加：当1台一次冷水泵频率达到上限（50 Hz），旁通压差仍低于设定值，延迟时间（3 min）增加1台运行时间少的一次冷水泵。

②一次冷水泵减少：当2台一次冷水泵频率达到下限（30 Hz），旁通压差仍高于设定值，延迟时间（3 min）减少1台运行时间多的一次冷水泵。

4.冷却塔风机控制模型（电制冷主机运行）

同一次泵冷站系统冷却塔风机控制模型。

5.冷却水泵控制模型（电制冷主机运行）

同一次泵冷站系统冷却水泵控制模型。

6.冷水温度再设定控制

同一次泵冷站系统冷水温度再设定控制。

7.联锁控制

电冷水机组冷水/冷却水进水电动蝶阀与机组联锁。

1）起机

在 $1^\#$、$2^\#$、$3^\#$ 二次冷水泵中优选运行时间少的1台二次冷水泵起动到频率上限（50 Hz），在 $4^\#$、$5^\#$、$6^\#$ 一次冷水泵中优选运行时间少的1台一次冷水泵起动到频率上限（50 Hz），在 $7^\#$、$8^\#$、$9^\#$ 冷却水泵中优选运行时间少的1台冷却水泵起动到频率上限（50 Hz）。在 $1^\#$、$2^\#$ 冷却塔风机中优选运行时间少的1台冷却塔风机起动到频率上限（50 Hz），在 $1^\#$、$2^\#$ 电冷水机中优选运行时间少的1台电冷水机起动，开此电冷水机组冷水、冷却水进水电动蝶阀。

当1个电冷水机组运行电流与额定电流的比值大于设定值，并持续 $10\sim15\ \text{min}$，则优先起动1台运行时间少的二次冷水泵、1台运行时间少的二次冷水泵、1台运行时间少的冷却水泵，起动1台冷却塔风机，并另起动1个电冷水机组。

2）停机

停电冷水机组，关电冷水机组冷水、冷却水进水电动蝶阀，延时 3 min，停一次、二次冷水泵、冷却水泵、冷却塔风机。

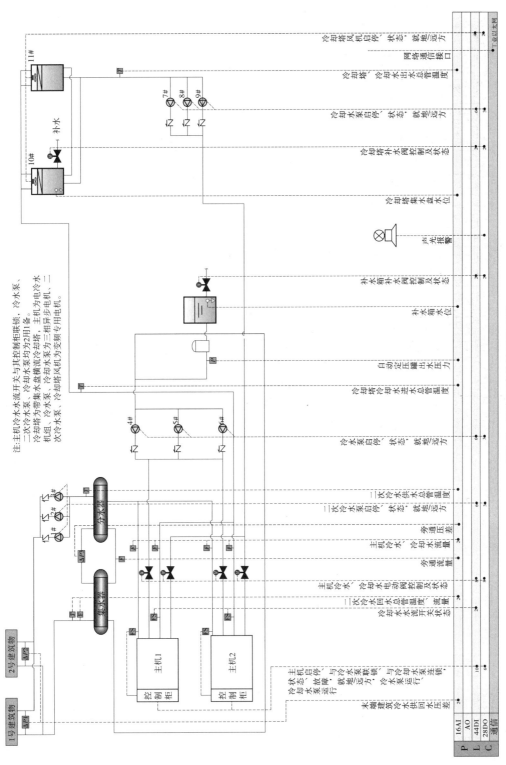

图3.7　二次泵冷站控制原理图

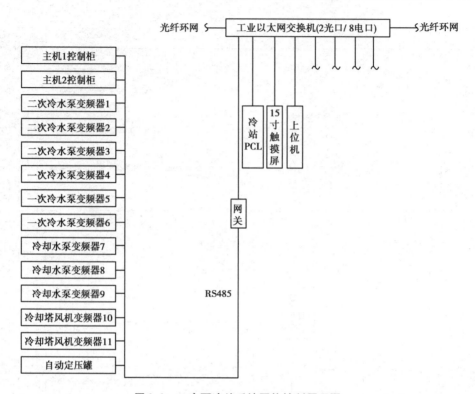

图3.8 二次泵冷站系统网络控制原理图

第 *4* 章
工业锅炉房系统控制模型

4.1 工业燃煤锅炉房系统控制模型

4.1.1 工业燃煤锅炉房热工控制要求

控制要求见表4.1。

表4.1 热工控制要求

项目	热工控制装置	保护措施及其他
鼓、引风机及燃煤供应电气联锁	开炉程序——引风机、鼓风机、炉排电机和抛煤机(链条锅炉无抛煤机) 停炉程序——抛煤机、炉排电机、鼓风机、引风机	执行开炉、停炉程序应发出相应的信号,并应设置解除联锁和就地操作的装置
运煤、除灰渣系统电气联锁	运煤、除灰渣系统: ①顺序起动——逆物料输送方向依次起动 ②顺序停车——顺物料输送方向依次停车,并设停车延时联锁 ③事故停车——在故障点前的设备立即停车,在故障点后的设备继续运转、将料卸空 ④除灰渣机械过载停车保护 运煤系统局部排风除尘装置: 起动——先起动排风除尘装置 停止——后停止排风除尘装置	①应发出相应工作状态的信号、故障报警信号 ②除集中操作控制外,为方便单机试车,应设局部联锁和解除联锁装置;各设备岗位应设起动、运行、生产联系和事故信号,起动和生产运行联系信号必须有往返系统

续表

项目	热工控制装置	保护措施及其他
蒸汽锅炉水位自动调节	连续调节（≥6 t/h）{ 单冲量（水位） 双冲量（水位、蒸汽流量） 三冲量（水位、蒸汽流量、给水流量）	①司炉操作地点应设手动自控装置 ②备用电动给水泵宜装自动投入设备 ③应装设极限低水位保护（≥6 t/h）及蒸汽超压（自动停炉）保护装置
燃烧过程自动调节	≥20 t/h）链条炉排锅炉配有氧量校正的燃烧调节装置	—
热力除氧自动调节	热力除氧{ 水位自动调节 蒸汽压力自动调节	水位过低、过高时，应发出报警信号

* 链条锅炉无抛煤机。

4.1.2　工业燃煤（链条）锅炉房系统控制模型

　　由于工业燃煤锅炉本体控制器由锅炉生产厂完成，因此设计院/自控公司仅需要设计工业燃煤锅炉房公用（辅机）部分的控制系统，工业燃煤锅炉本体控制模型仅供参考。锅炉自动控制系统管理主要包括以下内容。

　　①两台 20 t/h 燃煤（链条）锅炉（本书采用型号：DHL20-1.6-AⅡ.P）控制；

　　②水处理数据采集及管理；

　　③除氧器控制；

　　④连续排污控制；

　　⑤三辊式分层分行给煤装置、混煤器、输煤控制；

　　⑥除渣控制；

　　⑦脱硫、除尘数据采集及管理；

　　⑧锅炉信息管理。

　　工业燃煤锅炉房系统控制原理如图 4.1—图 4.6 所示。（图 4.1—图 4.6 见本节后附图）

1.汽包水位控制（辅机）

蒸汽锅炉汽包水位控制方式如下：

　　①锅炉容量 6 t/h，单冲量/双冲量自动调节；

　　②锅炉容量 10 t/h，单冲量/双冲量/三冲量自动调节；

　　③锅炉容量 20 t/h，双冲量/三冲量自动调节；

　　④锅炉容量 35 t/h，三冲量自动调节。

1）汽包给水水位调节（单冲量）

水位信号为 4 ~ 20 mA DC（或相对值），H 增大、ϕ 减小（ϕ 为给水阀相对开度）。

定义偏差 $e = H_0 - H$；

其中:H_o、H 为水位设定值与测量值;汽包水位最小值为 H_{min}。

$H=H_o,e=0,\phi=0;H=H_{min},e=H_o-H_{min},\phi=1$。

$\phi=Ke,1=K(H_o-H_{min})$, 故 $K=\dfrac{1}{H_o-H_{min}}$;

$\phi=\dfrac{1}{H_o-H_{min}}e$, 即 $\phi(k)=\dfrac{1}{H_o-H_{min}}e(k),k=0,1,2,\cdots,n$。

上述曲线即 $\phi=f(e)$。

(图 4.7 是 ϕ 与 e 的关系图)

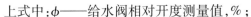

图 4.7　ϕ 与 e 的关系图

定义偏差 $E=\phi-\phi_o;E(k)=\phi(k)-\phi_o(k),k=0,1,2,\cdots,n$。

上式中:ϕ——给水阀相对开度测量值,%;

$\quad\quad\phi_o$——给水阀相对开度动态设定值,%。

即 $\phi_o(k)=\dfrac{1}{H_o-H_{min}}e(k),k=0,1,2,\cdots,n$。

给水阀相对开度增量:$\Delta\phi(k)=AE(k)+BE(k-1)$。

其中:$A=K_P+K_I,B=-K_P$;

式中:K_I——积分系数,$K_I=\dfrac{K_P T}{T_I}$,T 为时间常数;

$\quad\quad K_P$——比例系数,$K_P=\dfrac{1}{\delta}$,δ 为比例带;

$\quad T,\delta,T_I$ 可取经验值:$T=3\sim10$ s,$\delta=20\%\sim80\%$,积分时间 $T_I=1\sim3$ min。

$E(k-1)=\phi(k)-\phi_o(k-1),k=0,1,2,\cdots,n$。

2)汽包给水水位调节(双冲量)

水位(m)、蒸汽流量(t/h)信号均转为 4~20 mA DC 信号(或相对值)。当蒸汽流量随时间出现阶跃变化时水位变化,如图 4.8、图 4.9 所示;稳定运行时,D 增大、H 减小、ϕ 增大。

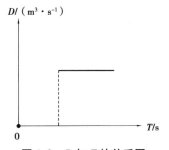

图 4.8　D 与 T 的关系图

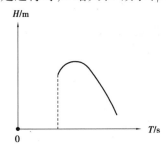

图 4.9　H 与 T 的关系图

定义偏差 $e=(H_o-H)+(D-D_o)$。

其中:H_o,H 为水位设定值与测量值,D,D_o 为蒸汽流量测量值与设定值。

$H=H_o,D=0,e=-D_o,\phi=0$;

$H=H_{min},D=D_o,e=H_o-H_{min},\phi=1$。

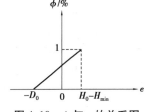

图 4.10　ϕ 与 e 的关系图

将 $(-D_o,0)$、$(H_o-H_{min},1)$ 代入两点式直线方程 $\dfrac{y_2-y_1}{x_2-x_1}=\dfrac{y-y_1}{x-x_1}$，得：

将 $\dfrac{1-0}{H_o-H_{min}+D_o}=\dfrac{\phi-0}{e+D_o}$，

$$\phi=\dfrac{e}{H_o-H_{min}+D_o}+\dfrac{D_o}{H_o-H_{min}+D_o};$$

$$\phi(k)=\dfrac{e(k)}{H_o-H_{min}+D_o}+\dfrac{D_o}{H_o-H_{min}+D_o},k=0,1,2,\cdots,n。$$

上述曲线即 $\phi=f(e)$。

（如图 4.10 是 ϕ 与 e 的关系图）

定义偏差 $E=\phi-\phi_o$；$E(k)=\phi(k)-\phi_o(k)$，$k=0,1,2,\cdots,n$。

其中：ϕ，ϕ_o 为给水阀相对开度测量值与动态设定值。

$$\phi_o(k)=\dfrac{e(k)}{H_o-H_{min}+D_o}+\dfrac{D_o}{H_o-H_{min}+D_o},k=0,1,2,\cdots,n。$$

给水阀相对开度增量：$\Delta\phi(k)=AE(k)+BE(k-1)$。

其中，$A=K_P+K_I$，$B=-K_P$；

式中：K_I——积分系数，$K_I=\dfrac{K_PT}{T_I}$，T 为时间常数；

$\quad\quad K_P$——比例系数，$K_P=\dfrac{1}{\delta}$，δ 为比例带；

$\quad T$，δ，T_I 可取经验值：$T=3\sim10$ s，$\delta=20\%\sim80\%$，积分时间 $T_I=1\sim3$ min。

$E(k-1)=\phi(k)-\phi_o(k-1)$，$k=0,1,2,\cdots,n$。

3）汽包给水水位控制（三冲量）

水位（m）、蒸汽流量（t/h）、给水流量（t/h）信号均转为 $4\sim20$ mA DC 信号（或相对值）。

当蒸汽流量出现阶跃变化时，水位变化如图 4.11、图 4.12 所示。

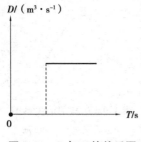

图 4.11　D 与 T 的关系图

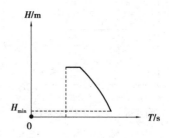

图 4.12　H 与 T 的关系图

当给水流量出现阶跃变化时，水位变化由图 4.13、图 4.14 所示。稳定运行时，D 增大、H 减小、ϕ 增大；W 增大、H 增大、ϕ 减小。

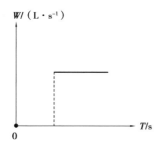

图 4.13　W 与 T 的关系图

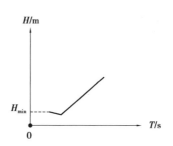

图 4.14　H 与 T 的关系图

定义偏差 $e=(H_o-H)+(D-D_o)+(W_o-W)$。

其中 H,H_o 为水位测量值与设定值;D,D_o 为蒸汽流量测量值与设定值;W,W_o 为给水流量测量值与设定值。

$H=H_o,D=0,W=0,e=-(D_o-W_o),\phi=0$;

$H=H_{\min},D=D_o,W=W_o,e=H_o-H_{\min},\phi=1$。

将 $[-(D_o-W_o),0]$,$[(H_o-H_{\min}),1]$ 代入两点式直线方程 $\dfrac{y_2-y_1}{x_2-x_1}=\dfrac{y-y_1}{x-x_1}$,得

$$\frac{(1-0)}{H_o-H_{\min}+D_o-W_o}=\frac{\phi-0}{e+D_o-W_o};$$

$$\phi=\frac{e}{H_o-H_{\min}+D_o-W_o}+\frac{D_o-W_o}{H_o-H_{\min}+D_o-W_o};$$

$$\phi(k)=\frac{e(k)}{H_o-H_{\min}+D_o-W_o}+\frac{D_o-W_o}{H_o-H_{\min}+D_o-W_o},k=0,1,2,\cdots,n_o$$

上述曲线即 $\phi=f(e)$。

(图 4.15 是 ϕ 与 e 的关系图)

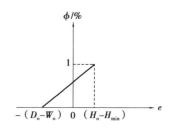

图 4.15　ϕ 与 e 的关系图

定义偏差:$E=\phi-\phi_o$;$E(k)=\phi(k)-\phi_o(k)$,$k=0,1,2,\cdots,n_o$。

其中:ϕ,ϕ_o 为给水阀相对开度测量值与动态设定值,%;

$$\phi_o(k)=\frac{e(k)}{H_o-H_{\min}+D_o-W_o}+\frac{D_o-W_o}{H_o-H_{\min}+D_o-W_o},k=0,1,2,\cdots,n_o$$

给水阀相对开度增量:$\Delta\phi(k)=AE(k)+BE(k-1)$。

其中:$A=K_P+K_I,B=-K_P$;

式中:K_I——积分系数,$K_I=\dfrac{K_P T}{T_I}$,T 为时间常数;

　　　K_P——比例系数,$K_P=\dfrac{1}{\delta}$,δ 为比例带;

T,δ,T_I 可取经验值:$T=3\sim10$ s,$\delta=20\%\sim80\%$,积分时间 $T_I=1\sim3$ min。

$E(k-1)=\phi(k)-\phi_o(k-1),k=0,1,2,\cdots,n_o$

4)汽包给水位控制(三冲量、串级调节)

水位(m)、蒸汽流量(t/h)、给水流量(t/h)信号均转为 4~20 mA DC 信号(或相对值)。

设偏差 $e=H_o-H$;$e(k)=H_o-H(k),k=0,1,2,\cdots,n_o$

$e = H_o - H_{max}, D_1 = D_{min};$

$H_o - H_{max} < e < H_o - H_{min},$

$D_1 = \dfrac{D_{max} - D_{min}}{H_{max} - H_{min}} e - \dfrac{(D_{max} - D_{min})(H_o - H_{max})}{H_{max} - H_{min}} + D_{min};$

$e = H_o - H_{min}, D_1 = D_{max} \circ$

上述曲线即 $D_1 = f(e)$。

（图 4.16 是 D_1 与 e 的关系图）

其中：H, H_o, H_{max}, H_{min} 分别为水位测量值,设定值,最大值,最小值;

$D_1, D_o, D_{max}, D_{min}$ 分别为蒸汽流量动态设定值,设定值,最大值,最小值。

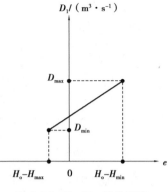

图 4.16　D_1 与 e 的关系图

$e = H_o - H_{max}, W_1 = W_{max};$

$H_0 - H_{max} < e < H_0 - H_{min},$

$W_1 = \dfrac{W_{max} - W_{min}}{H_{min} - H_{max}} e - \dfrac{(W_{max} - W_{min})(H_o - H_{min})}{H_{min} - H_{max}} + W_{min};$

$e = H_o - H_{min}, W_1 = W_{min} \circ$

上述曲线即 $W_1 = f(e)$。

（图 4.17 是 W_1 与 e 的关系图）

其中：$W_1, W_o, W_{max}, W_{min}$ 分别为给水流量动态设定值,设定值,最大值,最小值。

定义偏差 $e' = (D - D_1) + (W_1 - W); e'(k) = [D(k) - D_1(k)] + [(W_1(k) - W(k)], k = 0, 1, 2, \cdots, n \circ$

式中：$D(k)$——蒸汽流量测量值;

$W(k)$——给水流量测量值。

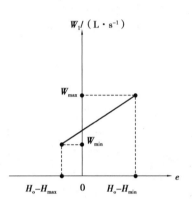

图 4.17　W_1 与 e 的关系图

$e' = (D_{min} - D_o) + (W_o - W_{max}), \phi = 0;$

$[(D_{min} - D_o) + (W_o - W_{max})] < e' < [(D_{max} - D_o) + (W_o - W_{min})], \phi = \dfrac{1}{(D_{max} - D_{min}) + (W_{max} - W_{min})} e' -$

$\dfrac{(D_{min} - D_o) + (W_o - W_{max})}{(D_{max} - D_{min}) + (W_{max} - W_{min})};$

$e' = (D_{max} - D_o) + (W_o - W_{min}), \phi = 1 \circ$

上述曲线即 $\phi = f(e')$。

（图 4.18 是 ϕ 与 e' 的关系图）

定义偏差 $E = \phi - \phi_o; E(k) = \phi(k) - \phi_o(k), k = 0, 1, 2, \cdots, n \circ$

其中：ϕ、ϕ_o 为给水阀相对开度测量值与动态设定值,%。

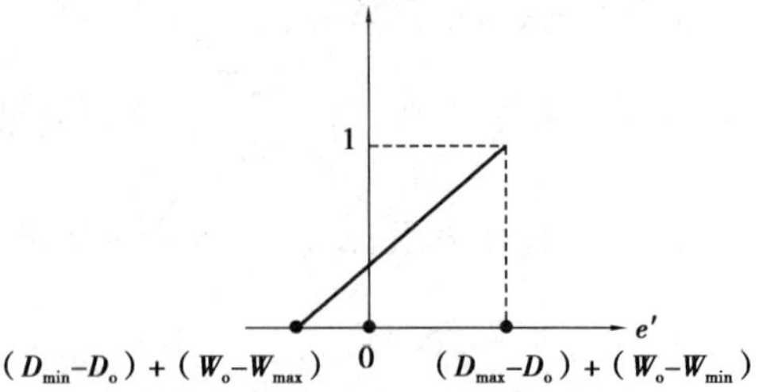

图 4.18　ϕ 与 e' 的关系图

$\phi_o(k) = \dfrac{1}{(D_{max} - D_{min}) + (W_{max} - W_{min})} e'(k) - \dfrac{(D_{min} - D_o) + (W_o - W_{max})}{(D_{max} - D_{min}) + (W_{max} - W_{min})}, k = 0, 1, 2, \cdots, n \circ$

给水阀相对开度增量 $\Delta\phi(k)=AE(k)+BE(k-1)$, $k=0,1,2,\cdots,n$ 。

其中 $:A=K_P+K_I,B=-K_P$;

式中 $:K_I$ ——积分系数 $,K_I=\dfrac{K_P T}{T_I},T$ 为时间常数;

　　 K_P ——比例系数 $,K_P=\dfrac{1}{\delta},\delta$ 为比例带;

　　 T,δ,T_I 可取经验值 $:T=1\sim5$ s $,\delta=40\%\sim100\%,T_I=0.1\sim1$ min 。

$E(k-1)=\phi(k)-\phi_o(k-1),k=0,1,2,\cdots,n$ 。

注:水位控制精度要求高时,优先选择三冲量、串级调节。

2. 给水泵频率控制(辅机)

1)三相异步电机频率控制

考虑到电机散热,三相异步电机下限频率为 35 Hz。多台给水泵并联运行时同步增减频率,并根据给水总管压力及给水泵频率上下限、运行时间、延迟时间增减给水泵运行台数。

定义偏差 $e=P-P_o$ 。

式中 $:P,P_o$ 为给水总管压力测量值与设定值,kPa。

当 $P<P_o,e<0,f=50$ Hz;

当 $P_o\leqslant P\leqslant1.04P_o,0\leqslant e\leqslant0.04P_o,f=-\dfrac{15e}{0.04P_o}+50$;

当 $1.04P_o<P,0.04P_o<e,f=35$ Hz 。

上述曲线即 $f=f(e)$ 。

(图4.19是 f 与 e 的关系图)

(注:锅炉给水安全阀起跳压力为 $1.04P_o$ 。)

定义偏差 $E(k)=f(k)-f_o(k),k=0,1,2,\cdots,n$ 。

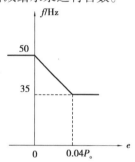

图4.19 f 与 e 的关系图

$f_o(k)$ 为上述分段函数 $;f=f(e);f_o(k)$ 为给水泵频率动态设定值 $,f(k)$ 为给水泵频率值测量值。

给水泵电机频率增量 $\Delta f(k)=AE(k)+BE(k-1)$ 。

其中 $:A=K_P+K_I,B=-K_P$;

式中 $:K_I$ ——积分系数 $,K_I=\dfrac{K_P T}{T_I},T$ 为时间常数;

　　 K_P ——比例系数 $,K_P=\dfrac{1}{\delta},\delta$ 为比例带;

　　 T,δ,T_I 可取经验值 $:T=3\sim10$ s $,\delta=30\%\sim70\%$,积分时间 $T_I=0.4\sim3$ min 。

$E(k-1)=f(k)-f_o(k-1),k=0,1,2,\cdots,n$ 。

2)变频专用电机频率控制

变频专用电机频率下限为 12.5 Hz。多台给水泵并联运行时,同步增减频率,并根据给水总管压力及给水泵频率上下限、运行时间、延迟时间增减给水泵运行台数。

定义偏差 $e=P-P_o$ 。

式中 $:P,P_o$ 为给水总管压力测量值与设定值,kPa。

当 $P<P_o,e<0,f=50$ Hz;

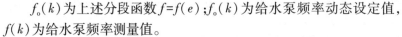

当 $P_o \leqslant P \leqslant 1.04 P_o, 0 \leqslant e \leqslant 0.04 P_o, f = -\dfrac{37.5e}{0.04 P_o} + 50$;

当 $1.04 P_o < P, 0.04 P_o < e, f = 12.5$ Hz。

上述曲线即 $f = f(e)$。

（图 4.20 是 f 与 e 的关系图）

定义偏差 $E = f - f_o, E(k) = f(k) - f_o(k), k = 0, 1, 2, \cdots, n$。

$f_o(k)$ 为上述分段函数 $f = f(e)$；$f_o(k)$ 为给水泵频率动态设定值，$f(k)$ 为给水泵频率测量值。

给水泵电机频率增量：$\Delta f(k) = A E(k) + B E(k-1)$。

其中：$A = K_P + K_I, B = -K_P$；

式中：K_I——积分系数，$K_I = \dfrac{K_P T}{T_I}, T$ 为时间常数；

K_P——比例系数，$K_P = \dfrac{1}{\delta}, \delta$ 为比例带；

T, δ, T_I 可取经验值：$T = 3 \sim 10$ s，$\delta = 30\% \sim 70\%$，积分时间 $T_I = 0.4 \sim 3$ min。

$E(k-1) = f(k) - f_o(k-1), k = 0, 1, 2, \cdots, n$。

图 4.20　f 与 e 的关系图

3. 热力除氧器控制（辅机）

1）热力除氧器压力控制

定义偏差 $e = P_o - P$。

式中：P, P_o 为蒸汽压力测量值及设定值，MPa(A)［大气式除氧器压力设定值 $P_o = 0.015 \sim 0.12$ MPa(A)］。P 增大，ϕ 减小（ϕ 为蒸汽阀相对开度）。

$P = P_o, e = 0, \phi = 0; P = 0, e = P_o, \phi = 1$。$\phi = Ke$，

由 $1 = K P_o$，得 $K = \dfrac{1}{P_o}$，故 $\phi(k) = \dfrac{1}{P_o} e(k), k = 0, 1, 2, \cdots, n$。

上述曲线即 $\phi = f(e)$。

（图 4.21 是 ϕ 与 e 的关系图）

定义偏差 $E = \phi - \phi_o, E(k) = \phi(k) - \phi_o(k), k = 0, 1, 2, \cdots, N$。

上式中：ϕ, ϕ_o 为蒸汽阀相对开度测量值与动态设定值（%），

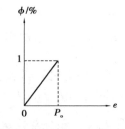

图 4.21　ϕ 与 e 的关系图

$\phi_o(k) = \dfrac{1}{P_o} e(k)$。

蒸汽阀开度增量：$\Delta \phi(k) = A E(k) + B E(k-1)$。

其中：$A = K_P + K_I, B = -K_P$；

式中：K_I——积分系数，$K_I = \dfrac{K_P T}{T_I}, T$ 为时间常数；

K_P——比例系数，$K_P = \dfrac{1}{\delta}, \delta$ 为比例带；

T, δ, T_I 可取经验值：$T = 3 \sim 10$ s，$\delta = 30\% \sim 70\%$，积分时间 $T_I = 0.4 \sim 3$ min。

$E(k-1) = \phi(k) - \phi_o(k-1), k = 0, 1, 2, \cdots, n$。

2)热力除氧器水位控制

水位信号为 4 ~ 20 mA DC 信号(或相对值),H 增大、ϕ 减小(ϕ 为给水阀相对开度),热力除氧器水位最小值为 H_{min}。

定义偏差 $e = H_o - H$。

式中:H_o,H 为水位设定值与测量值。

$H = H_o$,$e = 0$,$\phi = 0$;

$H = H_{min}$,$e = H_o - H_{min}$,$\phi = 1$。

$\phi = Ke$,

由 $1 = K(H_o - H_{min})$,得 $K = \dfrac{1}{H_o - H_{min}}$,故 $\phi(k) = \dfrac{1}{H_o - H_{min}} e(k)$,$k = 0,1,2,\cdots,n$。

上述曲线即 $\phi = f(e)$。

(图 4.22 是 ϕ 与 e 的关系图)

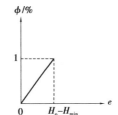

图 4.22 ϕ 与 e 的关系图

定义偏差 $E = \phi - \phi_o$,$E(k) = \phi(k) - \phi_o(k)$,$k = 0,1,2,\cdots,n$。

式中:ϕ,ϕ_o 为给水阀相对开度测量值与动态设定值,%。

$$\phi_o(k) = \frac{1}{H_o - H_{min}} e(k), k = 0,1,2,\cdots,n。$$

给水阀相对开度增量:$\Delta\phi(k) = AE(k) + BE(k-1)$。

其中:$A = K_P + K_I$,$B = -K_P$;

式中:K_I——积分系数,$K_I = \dfrac{K_P T}{T_I}$,T 为时间常数;

K_P——比例系数,$K_P = \dfrac{1}{\delta}$,δ 为比例带;

T,δ,T_I 可取经验值:$T = 6 ~ 6$ s,$\delta = 20\% ~ 80\%$,积分时间 $T_I = 1 ~ 5$ min。

$E(k-1) = \phi(k) - \phi_o(k-1)$,$k = 0,1,2,\cdots,n$。

4. 连续排污控制(辅机)

1)连续排污电动调节阀控制

由连续排污管污水电导率测量值与设定值的偏差信号调节连续排污电动调节阀开度,实现连续排污自控。

设偏差 $e = D - D_o$,$e(k) = D(k) - D_o$,$k = 0,1,2,\cdots,n$。

式中:$D(k)$——连续排污管污水电导率测量值,$\mu S/cm$;

D_o——连续排污管污水电导率设定值,$\mu S/cm$;

D_{max}——连续排污管污水电导率最大值,$\mu S/cm$;

K——连续排污电动调节阀开度,%。

当 $e < 0$,$k = 0$;当 $0 < e < (D_{max} - D_o)$,$K = \dfrac{1}{D_{max} - D_o} e$;即 $K(k) = \dfrac{1}{D_{max} - D_o} e(k)$,$k = 0,1,2,\cdots,n$。

上述曲线即 $K(k) = f(e)$。

（图4.23 是 K 与 e 的关系图）

上述分段函数 $K=f(e)$ 即连续排污电动调节阀开度动态设定值 K_o。

设偏差 $e=K-K_o$，$E(k)=K(k)-K_o(K)$，$k=0,1,2,\cdots,n$。

式中：K——连续排污电动调节阀开度测量值，%。

连续排污电动调节阀开度增量 $\Delta K(k)=AE(k)+BE(k-1)$。

其中：$A=K_P+K_I$，$B=-K_P$；

式中：K_I——积分系数，$K_I=\dfrac{K_P T}{T_I}$，T 为时间常数；

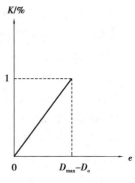

图4.23 K 与 e 的关系图

$\quad K_P$——比例系数，$K_P=\dfrac{1}{\delta}$，δ 为比例带；

$\quad T,\delta,T_I$ 可取经验值：$T=3\sim10\ \text{s}$，$\delta=30\%\sim70\%$，积分时间 $T_I=0.4\sim3\ \text{min}$。

$E(k-1)=K(k)-K_o(k-1)$，$k=0,1,2,\cdots,n$。

2）连续排污电动调节阀控制

选择直线特性电动调节阀。

5. 燃烧过程控制（本体）

1）引风机频率控制

（1）普通三相异步电机频率控制

由热力学理论知：饱和蒸汽压力为蒸汽温度的单值函数，由于蒸汽管网和末端设备有很大的热惯性，故蒸汽压力有较大的滞后性，因此取蒸汽压力为主调节回路；而引风风量对于锅炉燃烧过程不存在滞后性，因此取引风风量为副调节回路，对引风机频率采用串级调节。蒸汽安全阀起跳压力为 $1.04P_o$。

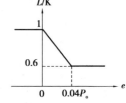

图4.24 L 与 e 的关系图

定义偏差 $e=P-P_o$，P、P_o 为蒸汽压力测量值与设定值。

当 $P<P_o$，$e<0$，$L=1$；

当 $P_o\leq P\leq1.04P_o$，$0\leq e\leq0.04P_o$，$L=-\dfrac{0.4e}{0.04P_o}+1$；

当 $P>1.04P_o$，$e>0.04P_o$，$L=0.6$。

上述曲线即 $L=f(e)$。

（图4.24 是 L 与 e 的关系图）

定义偏差 $e'=L-L_o$。

式中：L,L_o 为引风相对风量测量值与设定值，$L_o(k)$ 为上述分段函数 $L=f(e)$。

当 $L<L_o$，$e'<0$，$f=50\ \text{Hz}$；

当 $L_o\leq L\leq1.1L_o$，$0\leq e'\leq0.1L_o$，$f=-\dfrac{15e'}{0.1L_o}+50$；

当 $L>1.1L_o$，$e'>0.1L_o$，$f=35\ \text{Hz}$。

上述曲线即 $f=f(e')$。

（图4.25 是 f 与 e' 的关系图）

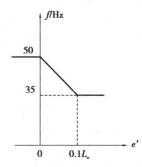

图4.25 f 与 e' 的关系图

定义偏差 $E(k)=f(k)-f_o(k)$，$k=0,1,2,\cdots,n$。

$f_o(k)$ 为上述分段函数 $f=f(e')$，$f_o(k)$ 为引风机频率动态设定值，$f(k)$ 为引风机频率测量值。

引风机电机频率增量：$\Delta f(k)=AE(k)+BE(k-1)$。

其中：$A=K_P+K_I$，$B=-K_P$；

式中：K_I——积分系数，$K_I=\dfrac{K_P T}{T_I}$，T 为时间常数；

K_P——比例系数，$K_P=\dfrac{1}{\delta}$，δ 为比例带；

T，δ，T_I 可取经验值：$T=1\sim5$ s，$\delta=40\%\sim100\%$，积分时间 $T_I=0.1\sim1$ min。

$E(k-1)=f(k)-f_o(k-1)$，$k=0,1,2,\cdots,n$。

（2）变频专用电机频率控制

采用以蒸汽压力为主调节回路、引风风量为副调节回路的串级调节。

定义偏差 $e=P-P_o$。

式中：P，P_o 为蒸汽压力测量值与设定值。

当 $P<P_o$，$e<0$，$L=1$；

当 $P_o\leqslant P\leqslant1.04P_o$，$0\leqslant e\leqslant0.04P_o$，$L=-\dfrac{0.75e}{0.04P_o}+1$；

当 $P>1.04P_o$，$e>0.04P_o$，$L=0.25$。

上述曲线即 $L=f(e)$。

（图 4.26 是 L 与 e 的关系图）

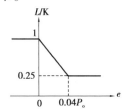

图 4.26　L 与 e 的关系图

定义偏差 $e'=L-L_o$，L、L_o 为引风相对风量测量值与设定值。

当 $L<L_o$，$e'<0$，$f=50$ Hz；

当 $L_o\leqslant L\leqslant1.1L_o$，$0\leqslant e'\leqslant0.1L_o$，$f=-\dfrac{37.5e'}{0.1L_o}+50$；

当 $L>1.1L_o$，$e'>0.1L_o$，$f=12.5$ Hz。

上述曲线即 $f=f(e')$。

（图 4.27 是 f 与 e' 的关系图）

定义偏差 $E(k)=f(k)-f_o(k)$，$k=0,1,2,\cdots,n$。

$f_o(k)$ 为上述分段函数 $f=f(e')$，$f_o(k)$ 为引风机频率动态设定值，$f(k)$ 为引风机频率测量值。

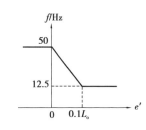

图 4.27　f 与 e' 的关系图

引风机电机频率增量：$\Delta f(k)=AE(k)+BE(k-1)$，

其中：$A=K_P+K_I$，$B=-K_P$；

式中：K_I——积分系数，$K_I=\dfrac{K_P T}{T_I}$，T 为时间常数；

K_P——比例系数，$K_P=\dfrac{1}{\delta}$，δ 为比例带；

T，δ，T_I 可取经验值：$T=1\sim5$ s，$\delta=40\%\sim100\%$，积分时间 $T_I=0.1\sim1$ min。

$E(k-1)=f(k)-f_o(k-1)$，$k=0,1,2,\cdots,n$。

2)炉排电机频率控制

炉排电机通过减速齿轮箱驱动炉排。

(1)三相异步电机频率控制

由锅炉燃烧理论知：$\alpha = \dfrac{V_K}{V_K^o}$。

式中：α——过量空气系数；

 V_K——燃烧 1 kg 煤实际所需空气量，Nm^3/kg；

 V_K^o——燃烧 1 kg 煤理论上所需空气量，Nm^3/kg。

烟气含氧量 O_2 与过量空气系数 α 的关系为 $\alpha = \dfrac{21}{21-O_2}$。

$\alpha_o = 1.75, O_{2o} = 9\%, \alpha = 1.1\alpha_o, O_2 = 1.12O_{2o}(\%)$。

其中：O_{2o} 为烟气含氧量设定值；$\alpha_o = 1.75$ 是工业链条锅炉热工计算书中省煤器后过量空气系数。

由上式可知：O_2 增大，α 增大，由此可知烟气含氧量增加，过量空气系数增加，燃烧强度减小，燃料耗量减小，炉排电机频率减小，即 O_2 增大，f 减小。

定义偏差 $e = O_2 - O_{2o}$，即 $e(k) = O_2(k) - O_{2o}, k = 0,1,2,\cdots,n$。

式中：O_2, O_{2o} 为烟气含氧量测量值与设定值，%。

当 $O_2 < O_{2o}, e < 0, f = 50$ Hz；

当 $O_{2o} \leq O_2 \leq 1.12 O_{2o}, 0 \leq e \leq 0.12O_{2o}, f = -\dfrac{15}{0.12O_{2o}}e + 50$；

当 $\phi > 1.12O_{2o}, e > 1.12O_{2o}, f = 35$ Hz。

上述曲线即 $f = f(e)$。

（图 4.28 是 f 与 e 的关系图）

定义偏差 $E(k) = f(k) - f_o(k), k = 0,1,2,\cdots,n$。

$f_o(k)$ 为上述分段函数 $f = f(e), f_o(k)$ 为炉排电机频率动态设定值，$f(k)$ 为炉排电机频率测量值。

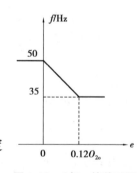

图 4.28 f 与 e 的关系图

炉排电机频率增量：$\Delta f(k) = AE(k) + BE(k-1)$。

其中：$A = K_P + K_I, B = -K_P$；

式中：K_I——积分系数，$K_I = \dfrac{K_P T}{T_I}, T$ 为时间常数；

 K_P——比例系数，$K_P = \dfrac{1}{\delta}, \delta$ 为比例带；

 T, δ, T_I 可取经验值：$T = 3 \sim 10$ s，$\delta = 30\% \sim 70\%$，积分时间 $T_I = 0.4 \sim 3$ min。

$E(k-1) = f(k) - f_o(k-1), k = 0,1,2,\cdots,n$。

(2)变频专用电机频率控制

定义偏差 $e = O_2 - O_{2o}, e(k) = O_2(k) - O_{2o}, k = 0,1,2,\cdots,n$。

式中：O_2, O_{2o} 为烟气含氧量测量值与设定值，%。

当 $O_2 < O_{2o}, e < 0, f = 50$ Hz；

当 $O_{2o} \leq O_2 \leq 1.12 O_{2o}, 0 \leq e \leq 0.12 O_{2o}, f = -\dfrac{37.5e}{0.12 O_{2o}} + 50$；

当 $\phi > 1.12 O_{2o}, e > 1.12 O_{2o}, f = 12.5$ Hz。

上述曲线即 $f = f(e)$。

（图 4.29 是 f 与 e 的关系图）

定义偏差 $E(k) = f(k) - f_o(k), k = 0, 1, 2, \cdots, n$。

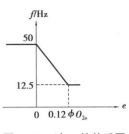

图 4.29　f 与 e 的关系图

$f_o(k)$ 为上述分段函数 $f = f(e), f_o(k)$ 为炉排电机频率动态设定值，$f(k)$ 为炉排电机频率测量值。

炉排电机频率增量：$\Delta f(k) = AE(k) + BE(k-1)$。

其中：$A = K_P + K_I, B = -K_P$；

式中：K_I——积分系数，$K_I = \dfrac{K_P T}{T_I}$，T 为时间常数；

$\quad K_P$——比例系数，$K_P = \dfrac{1}{\delta}, \delta$ 为比例带；

$\quad T, \delta, T_I$ 可取经验值：$T = 3 \sim 10$ s，$\delta = 30\% \sim 70\%$，积分时间 $T_I = 0.4 \sim 3$ min。

$E(k-1) = f(k) - f_o(k-1), k = 0, 1, 2, \cdots, n$。

3）鼓风机频率控制

（1）普通三相异步电机频率控制

排风量一定时，鼓风量小，则炉膛负压大，即 f 减小，S_r 增大。

定义偏差 $e = S_r - S_{ro}$。

式中：S_r, S_{ro} 为炉膛负压测量值与设定值。

当 $S_r < S_{ro}, e < 0, f = 50$ Hz；

当 $S_{ro} \leq S_r \leq 1.2 S_{ro}, 0 \leq e \leq 0.2 S_{ro}, f = -\dfrac{15e}{0.2 S_{ro}} + 50$；

当 $S_r > 1.2 S_{ro}, e > 0.2 S_{ro}, f = 35$ Hz。

上述曲线即 $f = f(e)$。

（图 4.30 是 f 与 e 的关系图）

定义偏差 $E(k) = f(k) - f_o(k), k = 0, 1, 2, \cdots, n$。

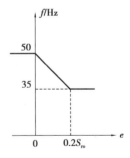

图 4.30　f 与 e 的关系图

$f_o(k)$ 为上述分段函数 $f = f(e), f_o(k)$ 为鼓风机电机频率动态设定值，$f(k)$ 为鼓风机电机频率测量值。

鼓风机电机频率增量：$\Delta f(k) = AE(k) + BE(k-1)$。

其中：$A = K_P + K_I, B = -K_P$；

式中：K_I——积分系数，$K_I = \dfrac{K_P T}{T_I}$，T 为时间常数；

$\quad K_P$——比例系数，$K_P = \dfrac{1}{\delta}, \delta$ 为比例带；

$\quad T, \delta, T_I$ 可取经验值：$T = 3 \sim 10$ s，$\delta = 30\% \sim 70\%$，积分时间 $T_I = 0.4 \sim 3$ min。

$E(k-1) = f(k) - f_o(k-1), k = 0, 1, 2, \cdots, n$。

...

（2）变频专用电机频率控制

排风量一定时,鼓风量小,则炉膛负压大,即 f 减小,S_r 增大。

定义偏差 $e = S_r - S_{ro}$。

式中:S_r,S_{ro} 为炉膛负压测量值与设定值。

当 $S_r < S_{ro}$,$e<0$,$f=50\ Hz$;

当 $S_{ro} \leqslant S_r \leqslant 1.2S_{ro}$,$0 \leqslant e \leqslant 0.2S_{ro}$,$f = -\dfrac{37.5e}{0.2S_{ro}} + 50$;

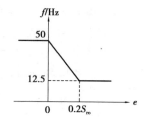

当 $S_r > 1.2S_{ro}$,$e > 0.2S_{ro}$,$f = 12.5\ Hz$。

上述曲线即 $f = f(e)$。

（图4.31是 f 与 e 的关系图）

图4.31 f 与 e 的关系图

定义偏差 $E(k) = f(k) - f_o(k)$,$k = 0,1,2,\cdots,n$。

$f_o(k)$ 为上述分段函数 $f = f(e)$,$f_o(k)$ 为鼓风机电机频率动态设定值,$f(k)$ 为鼓风机电机频率测量值。

鼓风机电机频率增量:$\Delta f(k) = AE(k) + BE(k-1)$。

其中:$A = K_P + K_I$,$B = -K_P$;

式中:K_I——积分系数,$K_I = \dfrac{K_P T}{T_I}$,T 为时间常数;

K_P——比例系数,$K_P = \dfrac{1}{\delta}$,δ 为比例带;

T,δ,T_I 可取经验值:$T = 3 \sim 10\ s$,$\delta = 30\% \sim 70\%$,积分时间 $T_I = 0.4 \sim 3\ min$。

$E(k-1) = f(k) - f_o(k-1)$,$k = 0,1,2,\cdots,n$。

4）给煤厚度控制

炉排层给煤厚度为 $100 \sim 150\ mm$,根据经验,手动调节给煤厚度。

6. 联锁控制（本体）

鼓、引风机及燃煤供应电气联锁:

①开炉程序:开引风机进口电动风门、引风机、鼓风机进口电动风门、鼓风机、炉排电机。

②关炉程序:关炉排电机、鼓风机、鼓风机进口电动风门、引风机、引风机进口电动风门。

③运煤除灰渣系统电气联锁:(顺序起动)固定链板出渣机、双辊碎渣机、电动吹灰机、分层给煤装置、混煤器。

④顺序停车:关混煤器、分层给煤装置、电动吹灰机、双辊碎渣机、固定链板除渣机。

⑤事故停车:故障点前的设备立即停车,故障点后的设备继续运转、将料卸空。

⑥除灰渣机械过载停车保护:双辊碎渣机、固定链板除渣机、电动吹灰机过载停车保护。

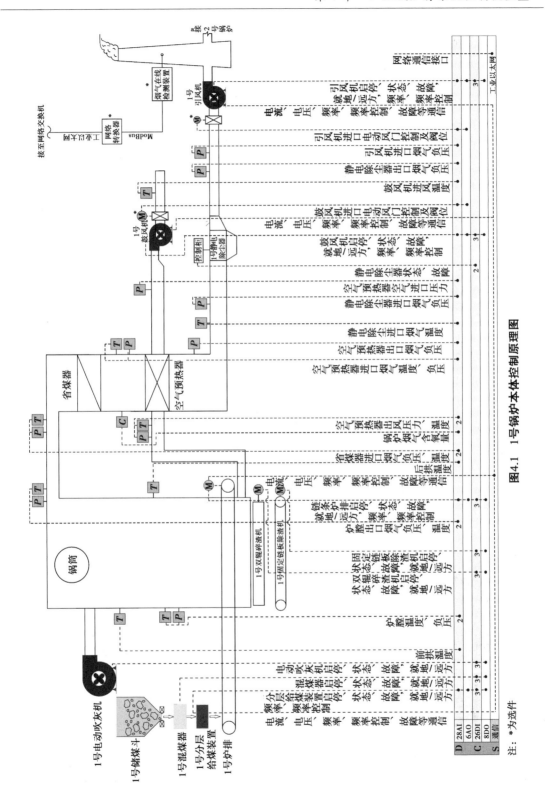

图4.1　1号锅炉本体控制原理图

注：*为选件。

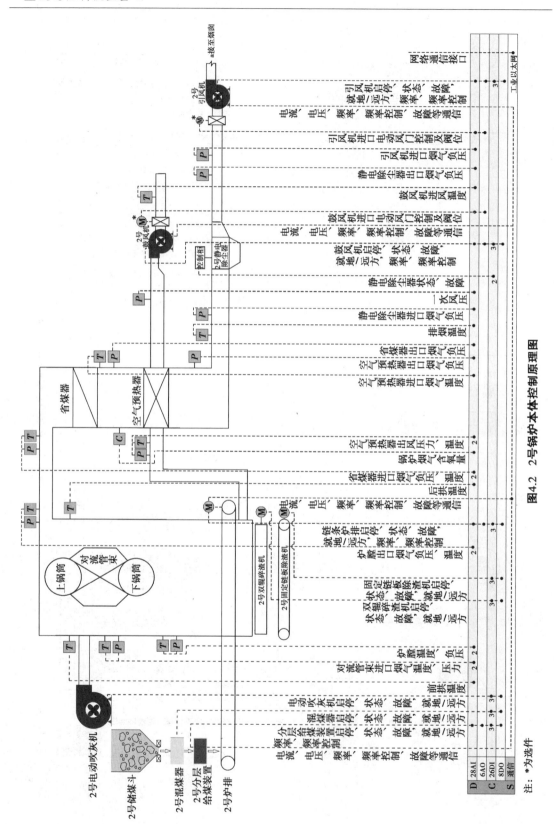

图4.2 2号锅炉本体控制原理图

注：*为选件

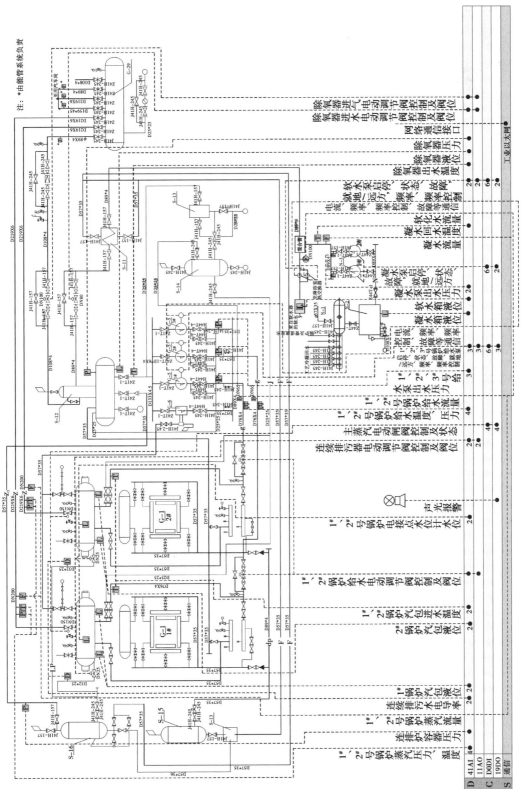

图4.3 锅炉辅机控制原理图（一）

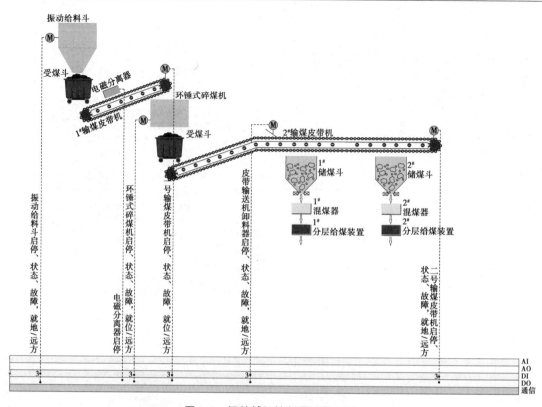

图 4.4　锅炉辅机控制原理图（二）

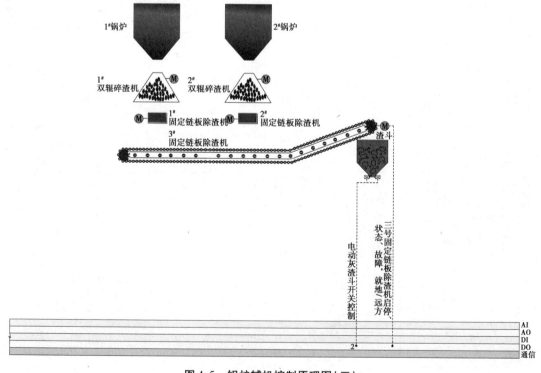

图 4.5　锅炉辅机控制原理图（三）

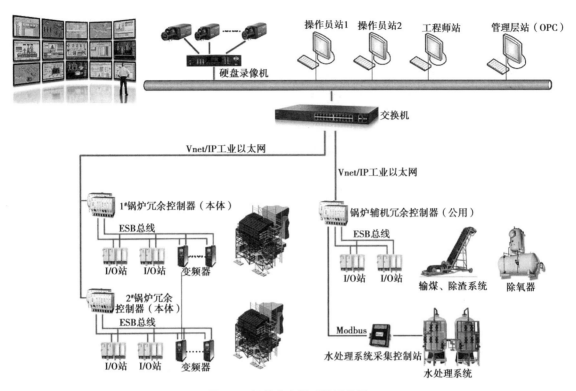

图 4.6   锅炉房自控系统网络图

4.2   工业燃气锅炉房系统控制模型

由于工业燃气锅炉本体控制器由锅炉生产厂完成,因此设计院/自控公司仅需要设计工业燃气锅炉房公用(辅机)部分的控制系统,工业燃气锅炉本体控制模型仅供参考。工业燃气锅炉房公用(辅机)部分控制系统与工业燃煤锅炉房公用(辅机)控制系统比较,前者除没有运煤除渣设备外,其他控制(锅炉给水控制、除氧器控制)均与后者相同,因此参考工业燃煤锅炉房公用(辅机)部分控制系统设计后者。被控设备说明见表4.2。

表 4.2   工业燃气锅炉房系统被控设备

序号	设备名称	规格	单位	数量	备注
1	天然气蒸汽锅炉	型号:BOSCH UL-SX28000,25 t/h,压强1.6 MPa,燃烧器、锅炉总电功率118 kW,PROFINET协议	台	2	含燃烧器,送风机,空气预热器,一、二级节能器
2	给水泵	型号:GrundfosCR32-12XK,26.9 m^3/h,水位191.3 m,电机功率22 kW	台	3	—
3	给水加压泵	28 m^3/h,$H=32$ m,电机功率5.5 kW	台	3	—
4	鼓泡式除氧器	25 t/h,0.02 MPa,104 ℃	台	2	—

续表

序号	设备名称	规格	单位	数量	备注
5	无油涡旋式空压机	2.3 m³/min,0.8 MPa,电机功率 15 kW	台	1	—
6	防爆轴流风机	29 529 m³/h,全压 211 Pa,电机功率 3 kW	台	4	含锅炉房
7	防爆轴流风机	3 163 m³/h,全压 86 Pa,电机功率 0.12 kW	台	1	含燃气计量间
8	轴流式屋顶风机	17 500 m³/h,全压 165 Pa,电机功率 1.5 kW	台	4	含风机辅助间
9	锅炉加药装置	5.5 kW	套	1	—
10	分气缸	DN600,1.6 MPa	套	1	—
11	定期排污扩容器	$P<0.2$ MPa,$V=3.5$ m³	台	1	—
12	连续排污扩容器	$P<0.7$ MPa,$V=1.5$ m³	台	1	—
13	波纹管换热器	20 m³	台	1	—

锅炉自控系统负责对上述设备进行自动节能控制、顺序安全联锁控制、远程启停控制、基于运行时间的优化控制以及蒸汽流量、压力、温度、水压力、温度、水箱液位、除氧器液位、含氧量、蒸汽冷凝水温度、pH 值、电导率等参数的监测和全部运行参数的监控与归档,最终达到使锅炉子系统自动运行的目的。

工业燃气锅炉房系统控制原理如图 4.32—图 4.38 所示。(图 4.32—图 4.38 见本节后附图)

4.2.1 汽包水位控制(辅机)

与工业燃煤锅炉房系统汽包水位控制相同。

4.2.2 给水泵频率控制(辅机)

与工业燃煤锅炉房系统给水泵频率控制相同。

4.2.3 热力除氧器控制(辅机)

与工业燃煤锅炉房系统热力除氧器控制相同。

4.2.4 连续排污控制(辅机)

与工业燃煤锅炉房系统连续排污控制相同。

4.2.5 燃烧过程控制(本体)

1.引风机频率控制

引风机频率控制方法与工业燃煤锅炉房系统引风机频率控制相同。

2. 燃气电动调节阀开度控制

有关系式:$\alpha = \dfrac{V}{V_o}$。

式中:α——燃气燃烧时的过量空气系数;

V_o——燃烧标态下的 1 m^3 燃气理论上所需空气量,m^3/m^3;

V——燃烧标态下的 1 m^3 燃气实际所需空气量,m^3/m^3。

α 越接近 1,燃烧强度越大;α 越大,燃烧强度越小。

烟气含氧量 O_{2o} 与过量空气系数 α 的关系如下。

对于完全燃烧的燃气锅炉,有经验公式:$\alpha = \dfrac{21}{21 - 0.91 O_{2o}}$。

$\alpha_o = 1.75$,$O_{2o} = 9.89\%$,$\alpha = 1.1 a_o$,$O_{2o} = 1.12 O_{2o}(\%)$。

由上式可知:O_2 增大,α 增大,由此可知烟气含氧量增加,过量空气系数增加,燃烧强度变小,燃气耗量变小,燃气电动调节阀开度变小。

定义偏差 $e(k) = O_2(k) - O_2(k)_o$,$k = 0,1,2,\cdots,n$;$O_2(k)$,$O_2(k)_o$ 为烟气含氧量测量值与设定值。

当 $O_2 < O_{2o}$,$e < 0$,$K_o = 1$;

当 $O_{2o} \leq O_2 \leq 1.12 O_{2o}$,

$0 \leq e \leq 0.12 O_{2o}$,$K_o = -\dfrac{e}{0.12 O_{2o}} + 1$;

当 $O_2 > 1.12 O_{2o}$,$e > 0.12 O_{2o}$,$K_o = 0$。

上述曲线即 $K_o = f(e)$。

(图 4.39 是 K_o 与 e 的关系图)

定义偏差 $E(k) = K(k) - K_o$,$k = 0,1,2,\cdots,n$。

式中:$K(k)$——燃气电动调节阀开度测量值,%;

K_o——燃气电动调节阀动态设定值,%。

燃气电动调节阀开度增量:$\Delta K = AE(k) + BE(k-1)$,$k = 0,1,2,\cdots,n$。

其中:$A = K_P + K_I$,$B = -K_P$;

式中:K_P——比例系数,$K_P = \dfrac{1}{\delta}$,δ 为比例带;

K_I——积分系数,$K_I = \dfrac{K_P T}{T_I}$,T 为时间常数;

T,δ,T_I 可取经验值:$T = 3 \sim 10$ s,$\delta = 30\% \sim 70\%$,积分时间 $T_I = 0.4 \sim 3$ min。

$E(k-1) = K(k) - K_o(k-1)$,$k = 0,1,2,\cdots,n$。

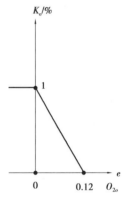

图 4.39　K_o 与 e 的关系图

3. 鼓风机频率控制

鼓风机频率控制方法与工业燃煤锅炉房鼓风机频率控制相同。

4.2.6　联锁控制(本体)

1. 联锁控制

①锅炉高、低水位声光报警;

②燃气锅炉熄火自动保护；

③蒸汽压力起压联锁保护；

④燃气压力保护；

⑤风压低自动保护（微正压锅炉）；

⑥铰接燃烧器限位开关；

⑦地震紧急停炉。

2. 燃气锅炉起炉程序

①燃气锅炉起炉程序如图 4.40 所示。

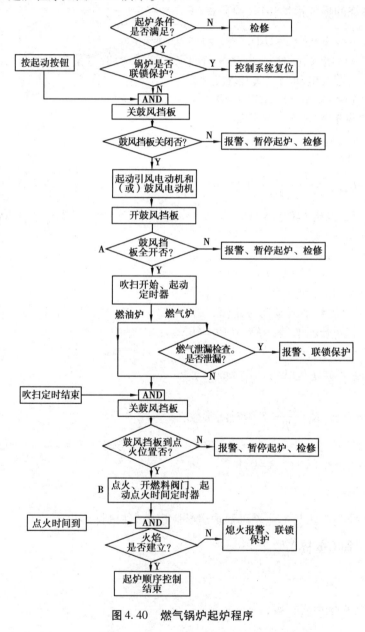

图 4.40　燃气锅炉起炉程序

②燃气锅炉停炉程序如图4.41所示。

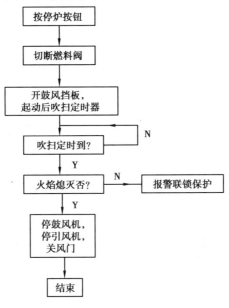

图 4.41 燃气锅炉停炉程序

以上联锁保护详见锅炉本体控制程序。(由锅炉厂家提供)

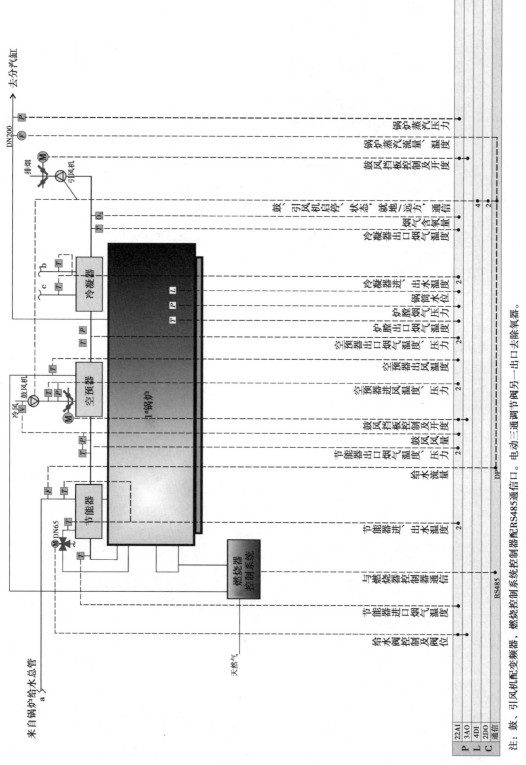

图4.32 工业燃气锅炉房本体控制原理图（1#锅炉）

注：鼓、引风机配变频器，燃烧控制系统控制器配RS485通信口。电动三通调节阀另一出口去除氧器。

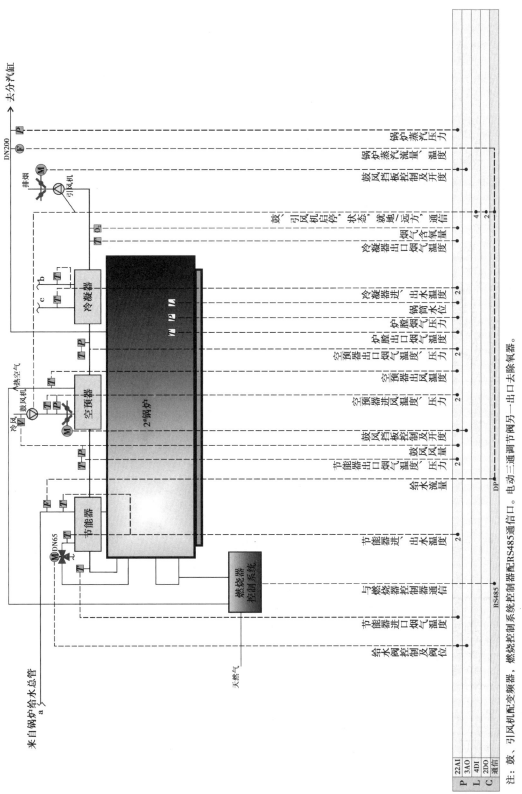

图4.33　工业燃气锅炉本体控制原理图（2#锅炉）

注：蒸、数、引风机配变频器，燃烧控制系统控制器配RS485通信器。电动三通调节阀另一出口去除氧器。

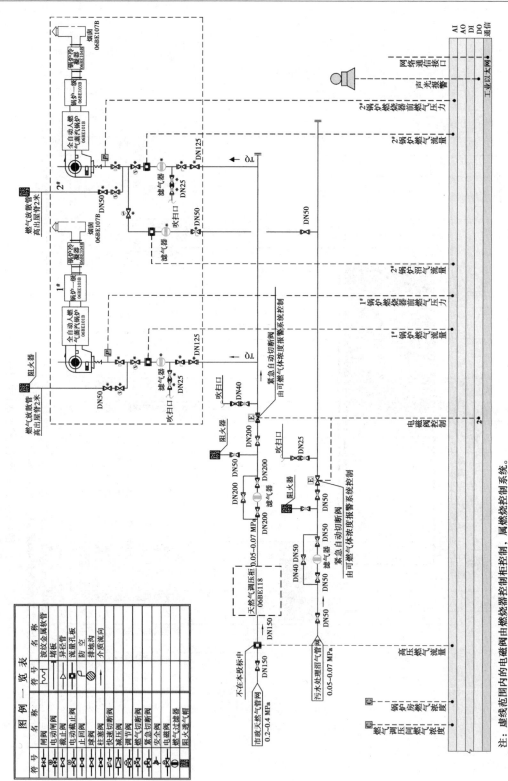

图4.36 工业燃气锅炉公用（辅机）部分控制原理图③

注：虚线范围内的电磁阀由燃烧器控制柜控制，属燃烧控制系统。

注：CEMS为锅炉烟气在线监测

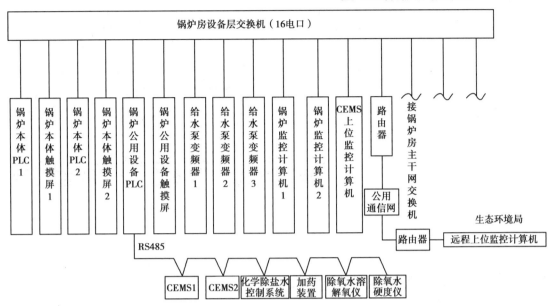

图 4.37　工业燃气锅炉房设备层交换机网络结构

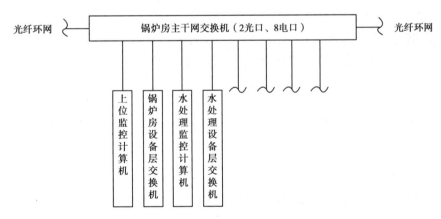

图 4.38　工业燃气锅炉房控制网络结构

第5章
换热站系统控制模型

5.1 热水换热站系统变流量控制模型

5.1.1 热水换热站系统组成

热水换热站控制原理如图 5.1 所示(图 5.1 见本节后附图)。

一次侧热水供水温度为 85 ℃(来自热水锅炉),一次侧热水回水温度为 60 ℃(回到热水锅炉)。二次侧热水供水温度为 60 ℃(去向大楼风机盘管),二次侧热水回水温度为 50 ℃(来自大楼风机盘管)。风机盘管配带 RS485 通信接口的温控器,并通过网关接在工业以太网交换机上,热水换热站 PLC 也接至工业以太网交换机上。

系统采用 2 台板式热水/热水换热器、3 台配变频专用电机热水泵(2 用 1 备)、1 个带 RS485 通信接口的自动定压罐、1 个分水器、1 个集水器。一次侧热水电动调节阀采用等百分比特性电动调节阀,旁通电动调节阀采用直线特性电动调节阀。

5.1.2 控制目标

实现二次侧热水供水温度恒定,热水泵变流量及过渡季节热水供水温度再设定节能运行。

5.1.3 控制对象及方法

1. 二次侧热水供水温度控制

定义偏差 $e=T_o-T$,$e(k)=T_o-T(k)$,$k=0,1,2,\cdots,n$。

式中:T,T_o 为二次侧热水供水温度测量值与设定值,℃;ϕ 为一次侧热水电动调节阀相对开度,%。T 增大,e 减小,ϕ 减小,$T_o=60$ ℃。

当 $T=T_o$,$e=0$,$\phi=0$;当 $T=0$,$e=T_o$,$\phi=1$。

$\phi=Ke$;

由 $1=KT_o$,得 $K=\dfrac{1}{T_o}$,故 $\phi(k)=\dfrac{1}{T_o}e(k)$,$k=0,1,2,\cdots,n$。

上述曲线即 $\phi=f(e)$。

（如图 5.2 是 ϕ 与 e 的关系图）

定义偏差 $E=\phi-\phi_o$，$E(k)=\phi(k)-\phi_o(k)$，$k=0,1,2,\cdots,n$。

式中：ϕ,ϕ_o 为一次侧热水电动调节阀相对开度测量值与动态设定值，%。

$$\phi_o(k)=\frac{1}{T_o}e(k),k=0,1,2,\cdots,n。$$

一次侧热水电动调节阀开度增量：$\Delta\phi(k)=AE(k)+BE(k-1)+CE(k-2)$。

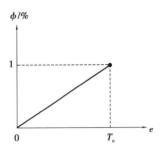

其中：$A=K_P+K_I+K_D$，$B=-(K_P+2K_D)$，$C=K_D$；

式中：K_I——积分系数，$K_I=K_PT/T_1$，T 为时间常数；

　　　K_P——比例系数，$K_P=1/\delta$，δ 为比例带；

　　　K_D——微分系数，$K_D=K_PT_D/T$；

　　　T,δ,T_1,T_D 可取经验值：$T=15\sim20$ s，$\delta=20\%\sim60\%$，积分时间 $T_1=3\sim10$ min，微分时间 $T_D=0.5\sim3$ min。

图 5.2　ϕ 与 e 的关系图

　　　$E(k-1)=\phi(k)-\phi_o(k-1)$，$k=0,1,2,\cdots,n$；

　　　$E(k-2)=\phi(k-1)-\phi_o(k-2)$，$k=0,1,2,\cdots,n$。

2. 热水泵及旁通电动调节阀控制

根据二次侧热水分集水器压差测量值与设定值的偏差信号、热水泵频率下限值及运行时间、延迟时间（3 min）分程调节热水泵运行频率及旁通电动调节阀开度，实现分、集水器压差恒定及热水泵变流量节能运行。

设偏差信号：$e=\Delta P-\Delta P_o$。

式中：ΔP_o——分、集水器压差设定值；

　　　ΔP——分、集水器压差测量值。

$\Delta P_m=H_2-\Delta P_2$。

式中：ΔP_m——分、集水器压差最大值，Pa；

　　　H_2——热水泵额定扬程，Pa；

　　　ΔP_2——板换二次侧在热水泵额定流量时的压降，Pa。

$\dfrac{\Delta P_1}{\Delta P_2}=\left(\dfrac{L_1}{L_2}\right)^2$，故 $\Delta P_2=\Delta P_1\left(\dfrac{L_2}{L_1}\right)^2$。

式中：L_1——板换二次侧额定流量，m^3/h；

　　　ΔP_1——板换二次侧额定压降，Pa。

由线性函数理论及 $f=f(e)$，$\phi=\phi(e)$ 的几个特征点可作出 $\phi(e)$ 和 $f(e)$ 的函数曲线，如图 5.3 所示。

①热水泵变频器频率控制。

$e=\Delta P(k)-\Delta P_o$，$k=0,1,2,\cdots,n$。

当 $\Delta P<\Delta P_o$，$e<0$，$f=50$ Hz，$\phi=0$；

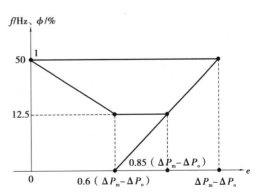

图 5.3　f、ϕ 与 e 的关系图

当 $\Delta P_o \leqslant \Delta P \leqslant 0.6(\Delta P_m - \Delta P_o) + \Delta P_o, 0 \leqslant e \leqslant 0.6(\Delta P_m - \Delta P_o)$,

$$f = -\frac{37.5}{0.6(\Delta P_m - \Delta P_o)}e + 50, \phi = 0;$$

当 $0.6(\Delta P_m - \Delta P_o) + \Delta P_o < \Delta P \leqslant \Delta P_m, 0.6(\Delta P_m - \Delta P_o) < e \leqslant (\Delta P_m - \Delta P_o)$,

$$f = 12.5 \text{ Hz}, \phi = \frac{50[e - 0.1(\Delta P_m - \Delta P_o)]}{0.4(\Delta P_m - \Delta P_o)}。$$

上述曲线即 $f = f(e)$、$\phi = \phi(e)$。

(如图 5.3 是 f, ϕ 与 e 的关系图)

由上述可知,$f = f(e)$,$\phi = \phi(e)$ 均为分段函数,可分别作为热水泵变频器频率的动态设定值 f_o 和旁通电动调节阀开度的动态设定值 ϕ_0。

设偏差 $e' = f - f_o$;$e'(k) = f(k) - f_o(k), k = 0, 1, 2, \cdots, n$。

式中:f——热水泵变频器频率测量值,Hz;

f_o——热水泵变频器频率动态设定值,Hz;

热水泵变频器频率增量:$\Delta f(k) = Ae'(k) + Be'(k-1), k = 0, 1, 2, \cdots, n$。

其中:$A = K_P + K_I, B = -K_P$;

式中:K_I——积分系数,$K_I = K_P T / T_I$,T 为时间常数;

K_P——比例系数,$K_P = 1/\delta$,δ 为比例带;

T, δ, T_I 可取经验值:$T = 3 \sim 10$ s,$\delta = 30\% \sim 70\%$,积分时间 $T_I = 0.4 \sim 3$ min。

$e'(k-1) = f(k) - f_o(k-1), k = 0, 1, 2, \cdots, n$。

a. 热水泵增加:当 1 台热水泵频率达到上限(50 Hz),分、集水器压差仍低于设定值,延迟时间(3 min)增加 1 台运行时间少的热水泵。

b. 热水泵减少:当 2 台热水泵频率达到下限(12.5 Hz),旁通压差仍高于设定值,延迟时间(3 min)减少 1 台运行时间多的热水泵。

②旁通电动调节阀开度控制。

设偏差 $e = \phi - \phi_o$;$e(k) = \phi(k) - \phi_o(k), k = 0, 1, 2, \cdots, n$。

式中:ϕ——旁通电动调节阀开度测量值,%;

ϕ_o——旁通电动调节阀开度动态设定值,%。

旁通电动调节阀开度增量:$\Delta\phi(k) = Ae(k) + Be(k-1), k = 0, 1, 2, \cdots, n$。

其中:$A = K_P + K_I, B = -K_P$;

式中:K_I——积分系数,$K_I = K_P T / T_I$,T 为时间常数;

K_P——比例系数,$K_P = 1/\delta$,δ 为比例带;

T, δ, T_I 可取经验值:$T = 3 \sim 10$ s,$\delta = 30\% \sim 70\%$,积分时间 $T_I = 0.4 \sim 3$ min。

$e(k-1) = \phi(k) - \phi_o(k-1), k = 0, 1, 2, \cdots, n$。

3. 二次侧热水供水温度再设定控制

在过渡季节,因为热水换热站 PLC 与大楼所有风机盘管温控器联网,故室外温度升高时可以一定步长逐步降低二次侧热水供水温度,直到所有风机盘管房间温度不低于设计值,此时可将二次侧热水温度降到此值。

$t_o = 60$ ℃ , $\Delta t = 0.1$ ℃ 。

$t_{01} = 60 - 0.1$ (℃) ;

$t_{02} = 60 - 2 \times 0.1$ (℃) ;

$t_{03} = 60 - 3 \times 0.1$ (℃) ;

……

$t_{0i} = 60 - i \times 0.1$ (℃) , $t_j \leq T_o + \Delta t$ (℃) ;

$t_{0i+1} = 60 - (i+1) \times 0.1$ (℃) , $t_{j+1} \leq T_o + \Delta t$ (℃) 。

t_{0i} 为二次侧热水再设定值,由供热理论知,降低 t_{0i} 可减少热水锅炉能耗,节省供热系统运行费用。

5.1.4　增量型 PID 控制算法的程序流程图

增量型 PID 控制算法的程序流程图如图 5.4 所示。

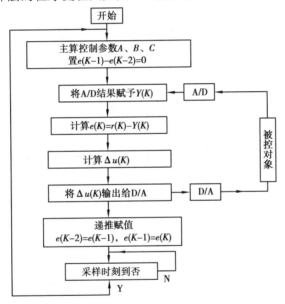

图 5.4　增量型 PID 控制算法的程序流程图

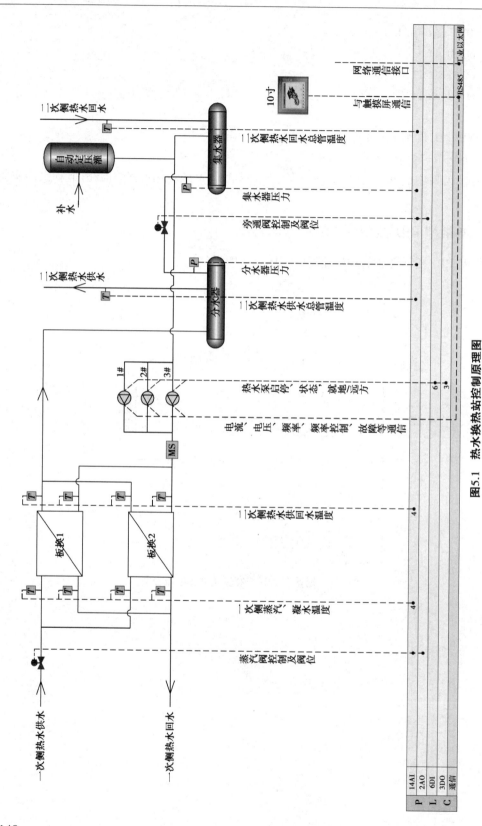

图5.1 热水换热站控制原理图

5.2　汽/水换热站系统变流量控制模型

5.2.1　汽/水换热站系统的组成

汽/水换热站系统变流量控制原理如图 5.5 所示。

来自蒸汽锅炉一次侧饱和蒸汽压力为 0.2 MPa(G),一次侧冷凝水回到蒸汽锅炉。二次侧热水供水温度为 60 ℃(去大楼风机盘管),二次侧热水回水温度为 50 ℃(来自大楼风机盘管)。风机盘管配带 RS485 通信接口的温控器,并通过网关接在工业以太网交换机上,汽/水换热站 PLC 也接至工业以太网交换机上。

采用 2 台板式汽/水换热器、3 台配变频专用电机热水泵(2 用 1 备)、1 台带 RS485 通信接口的自动定压罐、1 个分水器、1 个集水器。一次侧蒸汽电动调节阀采用直线特性电动调节阀,旁通电动调节阀采用直线特性电动调节阀。

5.2.2　控制目标

实现二次侧热水供水温度恒定,热水泵变流量及过渡季节热水供水温度再设定节能运行。

5.2.3　控制对象及方法

除一次侧热水电动调节阀改为一次侧蒸汽电动调节阀外,汽/水换热站变流量控制模型同热水换热站变流量控制模型。

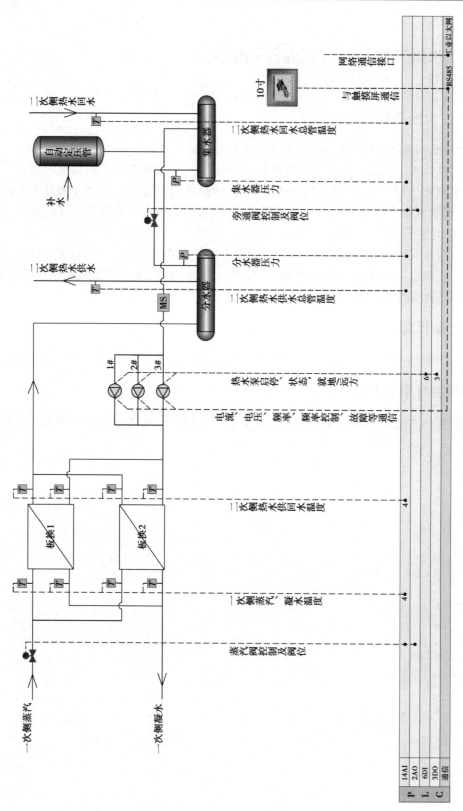

图5.5 汽/水换热热站系统变流量控制原理图

第6章

工程实例

6.1 某卷烟厂地源热泵冷热站自控设计

6.1.1 地源热泵系统概述

地源热泵系统制备空调用冷冻水和空调用热水,冷、热水经过室外管网分别供联合生产工房、生产管理及技术研发中心和后勤服务用房空调系统使用。各处冷热负荷情况见表6.1。

表6.1 冷热负荷一览表

建筑物	冷负荷/kW	热负荷/kW	冷热负荷比
联合生产工房	7 900	3 450	2.29∶1
生产管理及技术研发中心	880	636	1.38∶1
后勤服务用房	440	292	1.51∶1

①地源热泵系统采用分区设计和控制。分区原则:生产车间用地源热泵系统与办公生活用地源热泵系统相对独立,优先保证生产工艺,必要时用办公用地埋管系统对生产车间用空调系统进行补充。

②地源热泵为复合式冷热源,包括地埋管、深井水、闭式冷却塔。

过渡季节一:采用深井水供冷,主机热回收(1台)供热。

过渡季节二:采用闭式冷却塔供冷,主机热回收(1台)供热。

夏季一:采用地埋管主机(2台)和深井水主机(1台)供冷。

夏季二:采用地埋管主机(2台)和闭式冷却塔主机(3台)供冷。

冬季一:采用地埋管主机(2台)和深井水主机(1台)供热。

冬季二:采用地埋管主机(3台)和深井水主机(1台)供热。

③地源热泵机房内设 3 台螺杆式地源热泵机组,机组配带热回收装置,其中热回收制热量为 1 936 kW,制热量为 1 705 kW,制冷量为 1 525 kW。另设 3 台螺杆式地源热泵机组,其中制热量为 1 705 kW,制冷量为 1 627 kW。系统冷冻水供回水温度为 7/12 ℃;热水供回水温度为 55/50 ℃。

④水系统采用一次泵变流量系统,循环水泵均为变频水泵。

⑤地源热泵系统冷冻(热)水供应侧和冷却水供应侧均采用定压罐与补水泵系统补水定压。

⑥系统补水为软化水,软化水由热机专业制备后送至不锈钢水箱 SX-1 储存。

⑦地源热泵机组冷凝器侧的冷却水采用地埋管和闭式冷却塔并联供应系统。冷却循环水泵均为变频水泵。

⑧地埋侧供水温度 20 ℃,回水温度 25 ℃。

⑨本项目冷热负荷差异大,建筑使用功能特殊,因此为保障系统的稳定性及可靠性,设计 2 眼水源井,单井成井深度 150 m,单井出水量按照水量为 100 m³/h 进行设计;设计回灌井 4 眼,单井成井深度 80 m,单井回水量按照保守水量为 50 m³/h 进行设计(具备条件时,采用微加压回灌措施增大回灌水量)。

6.1.2　地源热泵冷热站自控设计说明

1.过渡季

大气湿球温度≤4 ℃,大气干球温度≥2 ℃。

1)过渡季一

H-1 板换二次侧出水温度≤10 ℃。

(1)深井水源供冷

①阀门切换:23、I、J 阀开,21、22、24、25、26、17、18、19、20、K、M、L、N 阀关。

②控制策略。

H-1 板换一次侧:2 台潜水泵 50 Hz 定速运行;H-1 板换二次侧:B-5~8 中一泵以 30 Hz 定速运行。根据分/集水器 2 压差设定值与测量值的偏差信号,调节旁通阀 2 阀位,保证 B-5~8 泵以一定流量运行。

(2)L-1~3 中一台主机热回收供热

①阀门切换。

蓄热水罐储热(分水器 1 热水出水温度为 54 ℃):M2、2、4、L-1~3 中一台主机蒸发器进水电动阀/冷凝器左侧进水电动阀开,M1、1、3、5、6、7、8、L-1~3 中两台主机蒸发器进水电动阀/冷凝器左右侧进水电动阀关。

蓄热水罐放热(分水器 1 热水出水温度为 56 ℃):M1、2、4 阀开,M2、1、3、5、6、7、8、L-1~3 的主机蒸发器进水电动阀/冷凝器左、侧进水电动阀关。

②控制策略。

蓄热水罐储热:分水器 1 热水出水温度为 54 ℃时起动 L-1~3 中一台主机,起动 BR-1~2 中一泵、起动 b-1~4 中一泵,旁通阀 1 全开,BR-1~2 中一泵以 50 Hz 运行,b-1~4 中一泵以

50 Hz 运行,直至分水器 1 热水出水温度为 56 ℃时停止 L-1 ~ 3 中一主机/b-1 ~ 4 中一泵,仅运行 BR-1 ~ 2 中一泵,根据分/集水器 1 压差设定值与测量值的偏差信号、泵的频率下限,分程调节泵的频率和旁通阀 1 的阀位,保证 BR-1 ~ 2 中一泵在最小流量下安全运行。

2)过渡季二

10 ℃<H-1 板换二次侧出水温度≤12 ℃。

(1)闭式冷却塔供冷

①阀门切换:23、K、M、闭式冷却塔进水电动阀 1 ~ 12 阀开,21、22、24、25、26、17、18、19、20、L、N 阀关。

②控制策略。

H-1 板换一/二次侧控制:

a. H-1 板换一次侧:b-5 ~ 8 中一泵以 50 Hz 定速运行。T-1 ~ 3 闭式冷却塔风机及淋水泵均以 50 Hz 定速运行。

b. H-1 板换二次侧:B-5 ~ 8 中一泵以 50 Hz 定速运行。根据分/集水器 2 压差设定值与测量值的偏差信号,调节旁通阀 2 阀位,保证 B-5 ~ 8 中一泵定流量运行。

(2)L-1 ~ 3 中一台主机热回收供热

与过渡季一 L-1 ~ 3 主机热回收供热相同。

2. 夏季

H-1 板换二次侧出水温度>12 ℃或大气湿球温度>4 ℃。

1)夏季一

(1)L-1 ~ 3 中两台主机(地埋管冷却主机)及 L-4 ~ 6 中一台主机(深井水冷却主机)供冷(取水井供水温度≤20 ℃)

①阀门切换:17、18、19、20、10、12、13、15、6、8、1、3、L-4 ~ 6 中一台主机蒸发器进水电动阀/冷凝器右侧进水电动阀,1、3、6、8、L-1 ~ 3 中二台主机蒸发器进水电动阀/冷凝器右侧进水电动阀开;2、4、5、7、I、J、K、M、L、N、9、11、14、16、L-1 ~ 3 中两台主机冷凝器左侧进水电动阀关。

②控制策略。

根据 L-1 ~ 3 中两台主机及 L-4 ~ 6 中一台主机制冷运行电流设定值与测量值的偏差信号,考虑优先顺序,控制主机运行台数。

根据分/集水器 2 压差设定值与测量值的偏差信号、泵的频率下限,分程调节 B-1 ~ 4 中两台泵/B-5 ~ 8 中一台泵运行频率及台数和旁通阀 2 的阀位,保证 L-1 ~ 3 中两台主机和 L-4 ~ 6 中一台主机蒸发器安全运行。

根据地埋管冷却水供回水总管温差设定值与测量值的偏差信号、泵的频率下限,调节 b-1 ~ 3 中两台泵运行频率及台数,保证 L-1 ~ 3 中两台主机右侧冷凝器安全运行。

L-4 ~ 6 中一台主机冷凝器冷却水由取水井的两台潜水泵以 50 Hz 定速运行供给,再回到回灌井。

（2）L-1~3中一台主机热回收供冷及供热

①阀门切换。

蓄热水罐储热（分水器1热水出水温度为54℃）：M2、L-1~3中一台主机蒸发器进水电动阀/冷凝器左侧进水电动阀开，M1、L-1~3中一台主机右侧冷凝器进水电动阀关，其余阀门与L-1~3中两台主机（地埋管冷却主机）及L-4~6中一台主机（深井水冷却主机）供冷相同。

蓄热水罐储热（分水器1热水出水温度为56℃）：M1阀开，M2、L-1~3中一台主机蒸发器进水电动阀/冷凝器左右侧进水电动阀关，其余阀门与L-1~3中两台主机（地埋管冷却主机）及L-4~6中一台主机（深井水冷却主机）供冷相同。

②控制策略。

蓄热水罐储热（分水器1热水出水温度为54℃）：起动BR-1~2中一泵、起动B-1~4中一泵，旁通阀1全开，B1~4中一泵运行频率与B-1~4中两泵相同，BR-1~2中一泵以50 Hz运行，分水器1热水出水温度为56℃时停止L-1~3中一台主机/B-1~4中一泵。

蓄热水罐储热（分水器1热水出水温度为56℃）：停止L-1~3中一台主机/B-1~4中一泵，仅运行BR-1~2中一泵，根据分/集水器1压差设定值与测量值的偏差信号、泵的频率下限，分程调节泵的频率和旁通阀1的阀位，保证BR-1~2中一泵在最小流量下安全运行。

2）夏季二

（1）L-1~3中两台主机（地埋管冷却主机）及L-4~6主机（闭式冷却塔冷却主机）供冷（取水井供水温度>20℃）

①阀门切换。

19、20、13、15、10、12、L、N、26、23、6、8、3、1、L-1~3中两台主机蒸发器进水电动阀/冷凝器右侧进水电动阀，L-4~6主机蒸发器进水电动阀/冷凝器进水电动阀开；K、M、14、16、9、11、21、22、24、25、2、4、5、7、L-1~3中两台主机冷凝器左侧进水电动阀关。

②控制策略。

根据L-1~3中两台主机及L-4~6主机运行电流设定值与测量值的偏差信号，考虑优先顺序，决定主机运行台数。

根据分/集水器2压差设定值与测量值的偏差信号、泵的频率下限，分程调节B-1~4中两泵/B-5~8中三泵运行频率、台数和旁通阀2阀位，保证主机蒸发器安全运行。

根据地埋管冷却水供回水总管温差设定值与测量值的偏差信号、泵的频率下限，调节b-1~3中两泵运行频率及台数，保证L-1~3中两台主机右侧冷凝器安全运行。

根据闭式冷却塔进、出水总管温差设定值与测量值的偏差信号、泵的频率下限，调节b-5~8中三泵运行频率及台数，保证L-4~6主机冷凝器安全运行。

根据闭式冷却塔出水总管温度设定值与测量值的偏差信号，调节闭式冷却塔风机运行台数/淋水泵运行台数。

（2）L-1～3 中一台主机热回收供冷及供热

①阀门切换。

a. 蓄热水罐储热（分水器 1 热水出水温度为 54 ℃）：M2、L-1～3 中一台主机蒸发器进水电动阀/冷凝器左侧进水电动阀开，M1、L-1～3 中一台主机右侧冷凝器进水电动阀关，其余阀门与 L-1～3 中两台主机（地埋管冷却主机）及 L-4～6 主机（闭式冷却塔冷却主机）供冷相同。

b. 蓄热水罐储热（分水器 1 热水出水温度为 56 ℃）：M1 阀开，M2、L-1～3 中一台主机蒸发器进水电动阀/冷凝器左、右侧进水电动阀关，其余阀门与 L-1～3 中两台主机（地埋管冷却主机）及 L-4～6 主机（闭式冷却塔冷却主机）供冷相同。

②控制策略。

与夏季一 L-1～3 主机热回收供冷及供热相同。

3. 冬季

大气干球温度<2 ℃。

1）冬季一

（1）L-1～3 中两台主机（地埋管取热）、L-4 主机（取水井取热）供热

①阀门切换。

17、18、5、7、4、2、9、11、14、16、23、26、L-1～3 中两台主机蒸发器进水电动阀/冷凝器右侧进水电动阀，L-4 主机蒸发器进水电动阀/冷凝器进水电动阀开；K、M、L、N、24、25、21、22、6、8、1、3、19、20、10、12、13、15、L-1～3 中两台主机左侧冷凝器进水电动阀关。

②控制策略。

根据 L-1～3 中两台主机及 L-4 主机制热运行电流设定值与测量值的偏差信号，考虑优先顺序，控制主机运行台数。

根据分/集水器 2 压差设定值与测量值的偏差信号、泵的频率下限，分程调节 B-1～4 中两泵/B-5～8 中一泵运行频率、台数和调节阀 2 的阀位，保证 L-1～3 中两台主机右侧冷凝器/L-4 主机冷凝器安全运行。

根据地埋管冷水供回水总管温差设定值与测量值的偏差信号、泵的频率下限，调节 b-1～3 中两泵运行频率及台数，保证 L-1～3 中两台主机蒸发器安全运行。

L-4 蒸发器冷水由取水井的 2 台潜水泵以 50 Hz 定速运行供给，再回到回灌井。

（2）L-1～3 中一台主机热回收供热

①阀门切换。

a. 蓄热水罐储热（分水器 1 热水出水温度为 54 ℃）：M2、L-1～3 中一台主机蒸发器进水电动阀/冷凝器左侧进水电动阀开，M1、L-1～3 中一台主机右侧冷凝器进水电动阀关，其余阀门与 L-1～3 中两台主机（地埋管冷却主机）、L-4 主机（取水井取热）供热相同。

b. 蓄热水罐储热（分水器 1 热水出水温度为 56 ℃）：M1 阀开，M2、L-1～3 中一台主机蒸发器进水电动阀/左右侧冷凝器进水电动阀关，其余阀门与 L-1～3 中两台主机（地埋管取热）、L-4 主机（取水井取热）供热相同。

②控制策略。

与过渡季一 L-1～3 主机热回收供热相同。

2）冬季二

L-1～3 主机（地埋管取热）、L-4 主机（取水井取热）供热。

①阀门切换。

17、18、5、7、4、2、9、11、14、16、L-1～3 主机蒸发器进水电动阀/右侧冷凝器进水电动阀、L-4 主机蒸发器进水电动阀/冷凝器进水电动阀开；K、M、L、N、23、26、M1、M2、旁通阀 1、6、8、1、3、19、20、10、12、13、15，L-1～3 主机左侧冷凝器进水电动阀关。

②控制策略。

根据 L-1～3 中主机及 L-4 主机制热电流设定值与测量值的偏差信号，考虑优先顺序，控制主机运行台数。

根据分/集水器 2 压差设定值与测量值的偏差信号、泵的频率下限，调节 B-1～4 中三泵/B-15～8 中一泵运行频率、台数和旁通阀 2 的阀位，保证 L-1～3 主机右侧冷凝器/L-4 主机冷凝器安全运行。

根据地埋管冷水供回水总管温差设定值与测量值的偏差信号、泵的频率下限，调节 b-1～3 中三泵运行频率及台数，保证 L-1～3 主机蒸发器安全运行。

L-4 蒸发器冷水由取水井的 2 台潜水泵以 50 Hz 定速运行供给，再回到回灌井。

闭式冷却塔补水控制：根据闭式冷却塔水位设定值与测量值的偏差信号控制补水阀阀位，保证闭式冷却塔水位稳定。

4. 优先顺序控制

考虑热回收蓄热水箱能减少热回收主机运行时间、保证地埋管冬夏负荷平衡及深井水冷却水温低于闭式冷却塔冷却水温。

（1）过渡季优先顺序

供冷：深井水源供冷—闭式冷却塔供冷。

热回收供热：L-1～3 中一台主机热回收供热。

（2）夏季优先顺序

供冷：L-1～3 中两台主机（地埋管冷却）—L-4～6 中一台主机（深井冷却）—L-4～6 主机（闭式冷却塔冷却）。

热回收供热：L-1～3 中一台主机热回收供热。

（3）冬季优先顺序

供热：L-1～3 中两台主机（地埋管取热）—L-4 主机（深井取热）。

热回收供热：L-1～3 中一台主机热回收供热。

自动统计各设备运行时间，优先投运运行时间少的设备。

5. 联锁控制策略

1）过渡季一

H-1 板换一次侧：起动潜水泵 1、2；H-1 板换二次侧：起动 B-5～8 中一泵（以 30 Hz 定速运行）。停止操作与起动相反。

L-1～3 中一台主机热回收起动：起动 BR1～2 中一泵，起动 b-1～4 中一泵，起动 L-1～3 中一台主机进行热回收。停止操作与上述顺序相反。

2）过渡季二

H-1 板换一次侧：起动 b-5～8 中一泵（以 50 Hz 定速运行），起动 T-1～3 闭式冷却塔风机/淋水泵（均以 50 Hz 定速运行）；H-1 板换二次侧：起动 B-5～8 中一泵（以 50 Hz 定速运行）。停止操作与上述顺序相反。

L-1～3 中一台主机热回收起动：起动 BR1～2 中一泵，起动 b-1～4 中一泵，起动 L-1～3 中一台主机进行热回收。停止操作与上述顺序相反。

3）夏季

（1）夏季一

L-1～3 中二台主机起动：起动 b-1～4 中二泵，起动 B-1～4 中二泵，再起动 L-1～3 中二台主机。停止操作与上述顺序相反。

L-4～6 中一台主机起动：起动潜水泵 1、2，起动 B-5～8 中一泵，起动 L-4～6 中一台主机。停止操作与上述顺序相反。

L-1～3 中一台主机热回收起动：起动 BR-1、2 中一泵，起动 b-1～4 中一泵，起动 L-1～3 中一台主机进行热回收。停止操作与上述顺序相反。

（2）夏季二

L-1～3 中二台主机起动：起动 b-1～4 中二泵，起动 B-1～4 中二泵，再起动 L-1～3 的二台主机。停止操作与上述顺序相反。

L-4～6 主机起动：起动 B-5～8 中三泵，起动 b-5～8 中三泵，起动三组闭式冷却塔风机及淋水泵，起动 L-4～6 主机。停止操作与上述顺序相反。

L-1～3 中一台主机热回收起动：起动 BR-1～2 中一泵，起动 b-1～4 中一泵，起动 L-1～3 中一台主机进行热回收。停止操作与上述顺序相反。

4）冬季

（1）冬季一

起动 B-1～4 中二泵，起动 B-5～8 中一泵，起动 b-1～4 中二泵，起动潜水泵 1、2，起动 L-1～3 中二台主机供热，起动 L-4 主机供热。停止操作与上述顺序相反。

L-1～3 中一台主机热回收起动：起动 BR-1～2 中一泵，起动 b-1～4 中一泵，起动 L-1～3 中一台主机进行热回收。停止操作与上述顺序相反。

（2）冬季二

起动 B-1～4 中三泵，起动 B-5～8 中一泵，起动潜水泵 1、2，起动 L-1～3 主机，起动 L-4 主机。停止操作与上述顺相反。

5）其他联锁

L-4～6 主机蒸发器进水电动阀/冷凝器进水电动阀与主机联锁。

L-1～3 主机供冷或供热时蒸发器进水电动阀/右侧冷凝器进水电动阀与主机联锁（左侧冷凝器进水电动阀关闭）。

L-1～3 主机热回收时蒸发器进水电动阀/左侧冷凝器进水电动阀与主机联锁（右侧冷凝器进水电动阀关闭）。

T-1～3 闭式冷却塔风机与淋水泵及冷却水进、出水电动阀联锁。

6.1.3 设备及主要材料

地源热泵自控系统设备及主要材料见表6.2。

表6.2 地源热泵自控系统设备及主要材料表

序号	设备、材料名称	设备型号及参数	单位	品牌	数量
1.1	PLC控制器及触摸屏				
1.1.1	PLC控制系统(含但不限于:PLC控制器、控制主柜及远程I/O柜、声光报警器、总线耦合器、链接器、设备层交换机、地源系统控制算法包等)	型号:THCOOLST-128-2-288-192,含SIEMENS S7-1516(128AI,2AO,288DI,192DO);威图控制主柜及远程I/O柜、声光报警器、总线耦合器、链接器、THCoolst地源系统控制算法包,19寸现场液晶操作终端OC等	台	TAIHE	1
1.1.2	智能Modbus通讯网关	ETH-485-MRTU2	台	TAIHE	1
1.2	仪器仪表				
1.2.1	水温传感器	TR10,0~50 ℃	台	E+H	54
1.2.2	水压传感器	PMC51	台	E+H	56
1.2.3	大气环境温湿度仪	EE31 风道型	台	E+E	1
1.2.4	电磁流量计1	5L4C2H	台	E+H	9
1.2.5	电磁流量计2	5L4C2F	台	E+H	7
1.2.6	电磁流量计3	5L4C3F	台	E+H	4
1.2.7	液位传感器1	FMU30	台	E+H	3
1.2.8	液位传感器2	FMU30	台	E+H	1
1.3	电动阀门和执行器				
1.3.1	电动开关蝶阀1	ST2-150-2-19 DN40	台	博雷	12
1.3.2	电动开关蝶阀2	SER30/S70C051-113D DN50	台	博雷	1
1.3.3	电动开关蝶阀3	SER30/S70C201-113D DN150	台	博雷	12
1.3.4	电动开关蝶阀4	SER30/S70C201-113D DN200	台	博雷	16
1.3.5	电动开关蝶阀5	SER30/S70C651-113D DN250	台	博雷	13
1.3.6	电动开关蝶阀6	SER30/S70C651-113D DN300	台	博雷	2
1.3.7	电动开关蝶阀7	SER30/S70C651-113D DN350	台	博雷	10
1.3.8	电动开关蝶阀8	SER30/S70C1316-113D DN400	台	博雷	1
1.3.9	电动开关蝶阀9	SER30/S70C1316-113D DN500	台	博雷	1
1.3.10	电动调节阀	SER30/S70C201-113A DN200	台	博雷	5
1.4	安装材料				
1.4.1	控制电缆1	KVVRP 2×1.0	m	国电	4 200
1.4.2	控制电缆2	KVVRP 3×1.0	m	国电	600

序号	设备、材料名称	设备型号及参数	单位	品牌	数量
1.4.3	控制电缆3	KVVRP 4×1.0	m	国电	240
1.4.4	控制电缆4	KVVRP 6×1.0	m	国电	3 000
1.4.5	热镀锌喷塑桥架1	200×100	m	国产优质	60
1.4.6	热镀锌喷塑桥架2	300×100	m	国产优质	80
1.4.7	镀锌钢管	φ20	m	国产优质	1 400
1.4.8	软管	φ18.5	m	胡摩尔	400
1.5	动力配电柜	—	—	—	—
1.5.1	动力配电柜1	型号:TaiheSystem8622-FC45;威图柜体,800×600×2 200(mm);IP54,颜色RAL7035,表面喷塑处理,含百能堡机柜散热空调,ABB电气组件,变频器FC302P37KT5E20H2XGCAL,电机功率45 kW,内置电抗滤波器,配置Profinet通信卡和液晶操作面板(柜面安装),IP20	台	TAIHE	12
1.5.2	动力配电柜2	型号:TaiheSystem8622-FC55;威图柜体,800×600×2 200(mm);IP54,颜色RAL7035,表面喷塑处理,含百能堡机柜散热空调,ABB电气组件,变频器FC302P45KT5E20H2XGCAL,电机功率55 kW,内置电抗滤波器,配置Profinet通信卡和液晶操作面板(柜面安装),IP20	台	TAIHE	6
1.5.3	动力配电柜3	型号:TaiheSystem8622-FC3030;威图柜体,800×600×2 200(mm);IP54,颜色RAL7035,表面喷塑处理,含百能堡机柜散热空调,ABB电气组件,变频器FC302P22KT5E20H2XGCAL×2,电机功率30 kW,内置电抗滤波器,配置Profinet通信卡和液晶操作面板(柜面安装),IP20	台	TAIHE	1
1.5.4	动力配电柜4	型号:THSystem8622-42;威图柜体,5AP、6AP、7AP,含4×7.5 kW+4×3 kW直接起动,800×600×2 200(mm),ABB电气主件	台	TAIHE	3

6.1.4 地源热泵站控制原理图

某卷烟厂地源热泵站控制原理图如图 6.1 所示。

6.2 某国际机场航站楼能源中心冷站自控设计

6.2.1 自控设计说明

1. 概况

一号能源中心冷站为某国际机场航站楼及交通枢纽中心提供冷源。集中供冷系统采用水蓄冷技术,设计了 2 个蓄冷水罐,罐体直径 26 m,蓄水高度 31 m,实际可用蓄冷量 284 682 kWh。除蓄冷水罐外,该集中供冷系统还包括离心式冷水机组、冷水一次泵、冷水二次泵、冷却水泵、冷却塔及循环管路等。(表 6.3)

表 6.3 主要受控设备配置

设备	数量
8 500 kW(冷量)离心冷水机组	6 台
冷却塔	6 台
冷却水泵	6 台
冷水一次泵	13 台
冷水二次泵	8 台
电动阀	38 个
变频器	50 个
旁滤设备	1 套
全自动加药设备	2 套
蓄冷水罐	2 个

从冷源配置来看,采用水蓄冷技术有效降低了系统装机容量,减少了初投资,结合优良的控制方式,可获得较为显著的经济效益。

2. 冷站运行控制分析

1)系统控制目标

水蓄冷系统的全自动运行控制是利用空调负荷预测及优化控制软件实现的。它先按照负荷预测的基本原理及相关计算方法预测次日逐时空调负荷。在得到逐时负荷表后,以"满足空调负荷需要并节省系统运行费用"为基本原则确定最优运行策略——包括每天不同工况运行时间表、不同工况时制冷主机和水泵等主要设备的投入数量、每小时蓄冷水罐释冷量等基本运行参数,最后自动将制定的运行策略输入自控系统中,确保自控系统按此运行策略控制冷站系统运行,在满足负荷需求的前提下尽可能多地转移高峰时段电力到低谷时段。

(1)主要约束条件

①当地电价分时情况。

高峰时段:8:00—12:00,19:00—23:00;

平段:7:00—8:00,12:00—19:00;

低谷时段:23:00—次日7:00。

②逐时冷负荷系数:见表6.4。

表6.4　逐时冷负荷系数

运行时段	逐时冷负荷系数	运行时段	逐时冷负荷系数
6:00—7:00	0.68	18:00—19:00	0.89
7:00—8:00	0.72	19:00—20:00	0.87
8:00—9:00	0.74	20:00—21:00	0.83
9:00—10:00	0.81	21:00—22:00	0.67
10:00—11:00	0.83	22:00—23:00	0.54
11:00—12:00	0.83	23:00—24:00	0.243
12:00—13:00	0.83	24:00—1:00	0.243
13:00—14:00	0.86	1:00—2:00	0.200
14:00—15:00	0.86	2:00—3:00	0.200
15:00—16:00	1.00	3:00—4:00	0.243
16:00—17:00	0.96	4:00—5:00	0.243
17:00—18:00	0.89	5:00—6:00	0.243

③蓄冷水罐释冷负荷+制冷负荷=预测负荷。

④蓄冷水罐释冷速率≤最大放冷速率。

⑤制冷负荷≤制冷主机最大制冷能力。

⑥单台制冷主机制冷负荷>15%制冷主机最大制冷容量。

⑦单台制冷主机制冷量初始分配一般在80%负荷,既保证了主机高效运行,又保证了在负荷预测出现偏差时主机的调节能力良好。

⑧回水温度在13℃附近,不可低于12℃,以提高蓄冷水罐及制冷主机的效益。

(2)控制方法

①先在供冷期间对蓄冷水罐蓄冷量进行分配,确保:a.满足供冷期间各时段负荷需求;b.三次泵冷水直供系统的供水温度满足末端系统负荷要求,一定的回水温度使蓄冷水罐和制冷主机高效运行;c.主机在较高效率范围内运行;d.蓄冷水罐冷量用尽。

②根据预测的供冷期间负荷确定总蓄冷量。当预测的供冷期间负荷大于蓄冷能力时,总

蓄冷量就等于总蓄冷能力;当预测的供冷期间负荷小于总蓄冷能力时,总蓄冷量等于预测的供冷期间总负荷乘以一定的余量系数。

③根据主机分配冷量及主机高效率范围,确定制冷主机运行台数与冷水一次泵运行台数(离心式冷水主机高效率范围为 60%~80% 冷负荷)。

④根据总蓄冷量及蓄冷期间空调负荷,确定夜间制冷主机运行台数及一次泵运行台数,保证主机高效运行。

⑤根据空调末端压差最小值(航站楼末端压差与交通枢纽大楼末端压差的最小值)控制冷水二次泵运行频率及运行台数(考虑电机散热,冷水二次泵变频时必须设置最低频率限制)。

⑥根据旁通管流量或分、集水器压差控制冷水一次泵运行频率,冷水一次泵运行台数与制冷主机运行台数相对应(冷水一次泵频率下限应保证制冷主机蒸发器安全运行的下限流量,并满足冷水一次泵电机散热的要求)。

⑦根据室外空气干球温度及相对湿度,计算室外空气湿球温度 t_s,根据制冷主机冷量测量值 $Q(kW)$、冷却水流量测量值 $l(L/s)$,计算单位制冷量冷却水流量 $L=\dfrac{l}{Q}$,再根据 $t_o=0.625(t_s-28)+34+[97.2-4.056(t_s-28)](L-0.072)$,计算冷却水供水总管设定值 t_o。由冷却水供水总管温度测量值与设定值的偏差信号控制冷却塔风机运行频率及运行台数(冷却塔风机频率下限应满足其电机散热要求)。

⑧由冷却水供水总管温度测量值与设定值的偏差信号,控制冷却水泵运行频率及运行台数(冷却水泵频率下限应满足其电机散热要求)。

⑨制冷机运行台数对应冷水一次泵、冷却水泵、冷却塔运行台数。

2)运行工况选定

冷站主要耗能设备是冷水机组、冷水一次泵、冷却水泵、冷却塔和冷水二次泵。将冷水机组、冷水一次泵、冷却水泵、冷却塔按对应关系组合成子系统,冷水机组的群控实际上是冷水机组子系统的群控。在该组合体中,冷水机组的能耗最大,如果合理控制冷水机组运行,就可以实现最大限度的节能运行。自控系统根据冷水机组子系统设备的运行时间、运行故障状态以及是否为检修状态、启停失败是否复位等,确定起动哪套子系统,并根据以下原则自动选择子系统的运行台数。

(1)确定冷水机组初始运行台数、释冷水泵运行台数

自控系统将按照负荷预测结果,对之前的气候条件、负荷情况以及系统运行的经验数据进行分析,得出一定规律,从而确定冷水机组的初始台数。

由设计最大冷负荷、逐时冷负荷系数、当地电价分时情况、可用蓄冷量得出设计日 100%、75%、50%、25% 负荷平衡表,详见表 6.5—表 6.8。

系统预测日冷负荷为 $Q(kWh)$,北京 $Q = 375\ 619.78 + 42\ 552.39t_h - 776.89t_h^2 - 24\ 385.89t_1 + 534.95t_1^2 + 505.84t_ht_1$[①]。当地 $Q = 1.2(375\ 619.78 + 42\ 552.39t_h - 776.89t_h^2 -$

① 见《暖通空调 HV&AC》杂志 2015 年第 45 卷第 10 期,《基于全年负荷模拟和空调日负荷预测控制策略的冰蓄冷系统可行性研究》,李欣笑、杨东哲,石鹤等。

24 385.89t_1+534.95t_1^2+505.84$t_h t_1$),式中 t_h 为预测日最高气温,t_1 为预测日最低气温,预测日最高、最低气温由天气预报获得,1.2 为室外温度修正系数(夏季当地室外设计温度比北京室外设计温度高 2 ℃,室外温度升高 1 ℃,冷负荷升高 10%)。系统转换时间为 00:00。

当 75%≤Q(809 358 kWh≤Q),系统按表 6.5 运行。

当 50%≤Q<75%(539 572 kWh≤Q<809 358 kWh),系统按表 6.6 运行。

当 25%≤Q<50%(269 786 kWh≤Q<539 572 kWh),系统按表 6.7 运行。

当 12.5%≤Q<25%(134 893 kWh≤Q<269 786 kWh),系统按表 6.8 运行。

当 0≤Q<12.5%(0 kWh≤Q<134 893 kWh),系统按免费供冷方式运行。

(2)冷水机组运行台数增减控制

①冷水机组单独供冷的运行方式。

a. 增机:当系统负荷≥冷水机组运行 n 台的总额定负荷(8 500 kW×n),以及运行中的冷水机组负荷率≥98%,即同时满足以上 2 个条件时,自动增开 1 台冷水机组及其子系统。

b. 减机:当系统负荷-冷水机组运行 n 台的总额定负荷≥8 500 kW×1.1,以及运行中的冷水机组负荷率≤(1-1/n)×95%,即同时满足这 2 个条件时,自动停止 1 台冷水机组及其子系统。

②冷水机组与蓄冷水罐联合供冷的运行方式。

a. 增机:当系统负荷≥冷水机组运行 n 台的总额定负荷+最大释冷量,以及运行中的冷水机组负荷率≥98%,即同时满足以上 2 个条件时,增开 1 台冷水机组及其子系统。

b. 减机:当系统负荷-(冷水机组运行 n 台总额定负荷+最大释冷量)≥8 500 kW×1.1,以及当系统负荷≤(1-1/n)×95%时,停开 1 台冷水机组及其子系统。

③冷水机组单独蓄冷的运行方式。

预计第 2 天需要的蓄冷量、确定冷水机组运行台数,并应在 23:00—次日 7:00(低谷电价时段)蓄冷完毕后停机。

④冷水机组边蓄冷边供冷的运行方式。

根据第 2 天的蓄冷量预计值,运行适当台数的冷水机组向蓄冷水罐供冷,并向系统供冷,冷水机组增减方式同冷水机单独供冷的运动方式。

(3)冷水二次泵群控

通过控制网络(要求一号能源中心与航站楼、交通枢纽中心控制系统联网)读取航站楼、交通枢纽中心所设压差监测点的压差值,同时对压差值进行排序,找到最小压差值,并以此压差测量值与设定值的偏差信号、系统冷负荷、冷水二次泵的频率下限、延时时间及运行时间控制冷水二次泵运行频率及运行台数。

a. 增泵:当水泵运行在 50 Hz 且管网压差维持下降趋势 2 min,则开启运行时间最短的冷水二次泵。

b. 减泵:当水泵运行频率下降到 12.5 Hz 且管网压差维持上升趋势 2 min,则停止 1 台冷水二次泵(运行时间最长的那台)。

注:系统冷负荷≤40%,运行小冷水二次泵;系统冷负荷>40%,运行大冷水二次泵。

（4）蓄冷水罐蓄冷

①蓄冷水罐进、出口电动阀控制：蓄冷及释冷时进、出口电动阀开启，其余时间均关闭。

②根据蓄冷水罐水位控制补水电动阀开关。

③蓄冷：当制冷主机冷水供水温度为 5 ℃、冷水回水温度为 6.5 ℃时，制冷主机停机，蓄冷水罐已蓄满冷量。

（5）蓄冷水罐单独供冷

①根据末端压差最小值、冷水二次泵的频率下限、延时时间及运行时间来控制冷水二次泵运行频率及运行台数。

同时监测二次冷水、回水总管温度 t_2，当 $t_2 > 13$ ℃，应起动冷水一次泵及制冷主机，起动台数应根据是否满足 $t_2 \leqslant 13$ ℃确定。

②释冷结束：蓄冷水罐下部出水管水温为 7 ℃时，释冷结束（蓄冷水罐出口电动阀关）。

（6）免费供冷方式

①当冷却水供水≤8 ℃时，进入免费供冷方式：6 号制冷主机停止，对应的 1 台冷水一次泵起动，对应的 2 台冷却水泵以 30 Hz 低速运行，对应的 2 台冷却塔起动。

②当 8 ℃<冷却水供水≤13 ℃时，进入预冷工况：6 号制冷主机起动，对应的 1 台冷水一次泵起动，对应的 2 台冷却水泵以 30 Hz 低速运行，对应的 2 台冷却塔起动。

③当冷却水供水>13 ℃时，进入夏季工况：6 号制冷主机起动，对应的 1 台冷水一次泵起动，对应的 1 台冷却水泵起动，对应的 1 台冷却塔起动。

（7）仅三级泵运行的工况

此工况为负荷极低，二级泵不运行，即能源中心不向航站楼供冷，仅靠二级泵环路中低温水的冷量满足末端使用的工况。如早上 1:00—5:00，此工况下阀门 V11 开启，三级泵由末端压差、频率下限、延时时间及运行时间控制。

（8）切换电动阀控制

V1 ~ V15 切换电动阀开关控制详见表 6.10。

（9）自控策略小结

①25% ≤Q≤100%时：

高峰时段：释冷运行为主，制冷主机供冷为辅。

平段：制冷主机供冷为主，释冷运行为辅。

低谷时段：蓄冷运行为主，制冷主机供冷为辅。

②12.5% ≤Q≤25%时：

高峰值时段：释冷运行。

平段：释冷运行。

低谷时段：蓄冷运行为主，制冷主机供冷为辅。

③0% ≤Q≤12.5%时：

按免费供冷方式运行。

表6.5 设计日100%负荷平衡表(最大冷负荷69 862 kW,日冷负荷1 079 141 kWh)

时刻	总冷负荷/kW	蓄冷水罐蓄冷量/kW	放冷量/kW	冷水机组供冷量/kW	制冷量/kW	开机数量/台	运行工况
00：00	17 000	34 000	0	17 000	51 000	6	主机边蓄冷边供冷
01：00	17 000	34 000	0	17 000	51 000	6	主机边蓄冷边供冷
02：00	13 972	34 000	0	13 972	51 000	6	主机边蓄冷边供冷
03：00	13 972	34 000	0	13 972	51 000	6	主机边蓄冷边供冷
04：00	17 000	34 000	0	17 000	51 000	6	主机边蓄冷边供冷
05：00	17 000	34 000	0	17 000	51 000	6	主机边蓄冷边供冷
06：00	47 506	0	0	47 506	51 000	6	主机单独供冷
07：00	50 301	0	0	50 301	51 000	6	主机单独供冷
08：00	51 698	0	13 005	38 694	42 500	5	主机与蓄冷水罐联合供冷
09：00	56 588	0	14 089	42 500	42 500	5	主机与蓄冷水罐联合供冷
10：00	57 986	0	24 920	33 066	34 000	4	主机与蓄冷水罐联合供冷
11：00	57 986	0	13 005	44 981	51 000	6	主机与蓄冷水罐联合供冷
12：00	57 986	0	13 005	44 981	51 000	6	主机与蓄冷水罐联合供冷
13：00	60 081	0	9 081	51 000	51 000	6	主机与蓄冷水罐联合供冷
14：00	61 479	0	10 479	51 000	51 000	6	主机与蓄冷水罐联合供冷
15：00	69 862	0	18 862	51 000	51 000	6	主机与蓄冷水罐联合供冷
16：00	67 068	0	16 068	51 000	51 000	6	主机与蓄冷水罐联合供冷
17：00	62 177	0	11 177	51 000	51 000	6	主机与蓄冷水罐联合供冷
18：00	62 177	0	11 177	51 000	51 000	6	主机与蓄冷水罐联合供冷
19：00	60 780	0	9 780	51 000	51 000	6	主机与蓄冷水罐联合供冷
20：00	57 986	0	15 486	42 500	42 500	5	主机与蓄冷水罐联合供冷
21：00	46 808	0	26 009	20 799	25 500	3	主机与蓄冷水罐联合供冷
22：00	37 726	0	26 009	11 717	17 000	2	主机与蓄冷水罐联合供冷
23：00	17 000	34 000	0	17 000	51 000	6	主机边蓄冷边供冷

表6.6 设计日75%负荷平衡表(最大冷负荷52 397 kW,日冷负荷809 273 kWh)

时刻	总冷负荷/kW	蓄冷水罐蓄冷量/kW	放冷量/kW	冷水机组供冷量/kW	制冷量/kW	开机数量/台	运行工况
00：00	12 733	34 000	0	12 733	51 000	6	主机边蓄冷边供冷
01：00	10 479	34 000	0	10 479	51 000	6	主机边蓄冷边供冷

续表

时 刻	总冷负荷/kW	蓄冷水罐蓄冷量/kW	放冷量/kW	冷水机组供冷量/kW	制冷量/kW	开机数量/台	运行工况
02：00	10 479	34 000	0	10 479	51 000	6	主机边蓄冷边供冷
03：00	12 733	34 000	0	12 733	51 000	6	主机边蓄冷边供冷
04：00	12 733	34 000	0	12 733	51 000	6	主机边蓄冷边供冷
05：00	12 733	34 000	0	12 733	51 000	6	主机边蓄冷边供冷
06：00	35 630	0	0	35 630	42 500	5	主机单独供冷
07：00	37 726	0	0	37 726	42 500	5	主机单独供冷
08：00	38 774	0	26 009	12 765	17 000	2	主机与蓄冷水罐联合供冷
09：00	42 442	0	26 009	16 433	17 000	2	主机与蓄冷水罐联合供冷
10：00	43 490	0	26 009	17 481	25 500	3	主机与蓄冷水罐联合供冷
11：00	43 490	0	26 009	17 481	25 500	3	主机与蓄冷水罐联合供冷
12：00	43 490	0	13 004	30 486	34 000	4	主机与蓄冷水罐联合供冷
13：00	45 061	0	0	45 061	51 000	6	主机单独供冷
14：00	46 109	0	0	46 109	51 000	6	主机单独供冷
15：00	52 397	0	13 004	39 393	42 500	5	主机与蓄冷水罐联合供冷
16：00	50 301	0	0	50 301	51 000	6	主机单独供冷
17：00	46 633	0	0	46 633	51 000	6	主机单独供冷
18：00	46 633	0	0	46 633	51 000	6	主机单独供冷
19：00	45 585	0	26 009	19 576	25 500	3	主机与蓄冷水罐联合供冷
20：00	43 490	0	26 009	17 481	25 500	3	主机与蓄冷水罐联合供冷
21：00	35 106	0	26 009	9 097	17 000	2	主机与蓄冷水罐联合供冷
22：00	28 294	0	26 009	2 285	8 500	1	主机与蓄冷水罐联合供冷
23：00	12 732	34 000	0	12 732	51 000	6	主机边蓄冷边供冷

表 6.7 设计日 50% 负荷平衡表(最大冷负荷 34 931 kW,日冷负荷 539 571 kWh)

时 刻	总冷负荷/kW	蓄冷水罐蓄冷量/kW	放冷量/kW	冷水机组供冷量/kW	制冷量/kW	开机数量/台	运行工况
00：00	8 500	34 000	0	8 500	42 500	5	主机边蓄冷边供冷
01：00	8 500	34 000	0	8 500	42 500	5	主机边蓄冷边供冷
02：00	6 986	34 000	0	6 986	42 500	5	主机边蓄冷边供冷
03：00	6 986	34 000	0	6 986	42 500	5	主机边蓄冷边供冷

续表

时刻	总冷负荷/kW	蓄冷水罐蓄冷量/kW	放冷量/kW	冷水机组供冷量/kW	制冷量/kW	开机数量/台	运行工况
04：00	8 500	34 000	0	8 500	42 500	5	主机边蓄冷边供冷
05：00	8 500	34 000	0	8 500	42 500	5	主机边蓄冷边供冷
06：00	23 753	0	0	23 753	25 500	3	主机单独供冷
07：00	25 151	0	0	25 151	25 500	3	主机单独供冷
08：00	25 849	0	25 849	0	0	0	蓄冷水罐单独供冷
09：00	28 294	0	26 009	2 285	8 500	1	主机与蓄冷水罐联合供冷
10：00	28 993	0	26 009	2 984	8 500	1	主机与蓄冷水罐联合供冷
11：00	28 993	0	26 009	2 984	8 500	1	主机与蓄冷水罐联合供冷
12：00	28 993	0	26 009	2 984	8 500	1	主机与蓄冷水罐联合供冷
13：00	30 041	0	0	30 041	34 000	4	主机单独供冷
14：00	30 740	0	0	30 740	34 000	4	主机单独供冷
15：00	34 931	0	0	34 931	42 500	5	主机单独供冷
16：00	33 534	0	0	33 534	34 000	4	主机单独供冷
17：00	31 089	0	0	31 089	34 000	4	主机单独供冷
18：00	31 089	0	9 911	21 178	25 500	3	主机与蓄冷水罐联合供冷
19：00	30 390	0	26 009	4 381	8 500	1	主机与蓄冷水罐联合供冷
20：00	28 993	0	26 009	2 984	8 500	1	主机与蓄冷水罐联合供冷
21：00	23 404	0	23 404	0	0	0	蓄冷水罐单独供冷
22：00	18 863	0	18 863	0	0	0	蓄冷水罐单独供冷
23：00	8 500	34 000	0	8 500	42 500	5	主机边蓄冷边供冷

表 6.8　设计日 25% 负荷平衡表(最大冷负荷 17 466 kW,日冷负荷 269 785 kWh)

时刻	总冷负荷/kW	蓄冷水罐蓄冷量/kW	放冷量/kW	冷水机组供冷量/kW	制冷量/kW	开机数量/台	运行工况
00：00	4 250	34 000	0	4 250	42 500	5	主机边蓄冷边供冷
01：00	4 250	34 000	0	4 250	42 500	5	主机边蓄冷边供冷
02：00	3 493	34 000	0	3 493	42 500	5	主机边蓄冷边供冷
03：00	3 493	34 000	0	3 493	42 500	5	主机边蓄冷边供冷

续表

时刻	总冷负荷/kW	蓄冷水罐蓄冷量/kW	放冷量/kW	冷水机组供冷量/kW	制冷量/kW	开机数量/台	运行工况
04：00	4 250	34 000	0	4 250	42 500	5	主机边蓄冷边供冷
05：00	4 250	34 000	0	4 250	42 500	5	主机边蓄冷边供冷
06：00	11 877	34 000	0	11 877	51 000	6	主机边蓄冷边供冷
07：00	12 576	0	0	12 576	17 000	2	主机单独供冷
08：00	12 925	0	12 925	0	0	0	蓄冷水罐单独供冷
09：00	14 147	0	14 147	0	0	0	蓄冷水罐单独供冷
10：00	14 497	0	14 497	0	0	0	蓄冷水罐单独供冷
11：00	14 497	0	14 497	0	0	0	蓄冷水罐单独供冷
12：00	14 497	0	14 497	0	0	0	蓄冷水罐单独供冷
13：00	15 021	0	15 021	0	0	0	蓄冷水罐单独供冷
14：00	15 370	0	15 370	0	0	0	蓄冷水罐单独供冷
15：00	17 466	0	17 466	0	0	0	蓄冷水罐单独供冷
16：00	16 767	0	16 767	0	0	0	蓄冷水罐单独供冷
17：00	15 545	0	15 545	0	0	0	蓄冷水罐单独供冷
18：00	15 545	0	15 545	0	0	0	蓄冷水罐单独供冷
19：00	15 195	0	15 195	0	0	0	蓄冷水罐单独供冷
20：00	14 497	0	14 497	0	0	0	蓄冷水罐单独供冷
21：00	11 702	0	11 702	0	0	0	蓄冷水罐单独供冷
22：00	9 432	0	9 432	0	0	0	蓄冷水罐单独供冷
23：00	4 250	0	4 250	0	0	0	蓄冷水罐单独供冷

6.2.2　设备及主要材料表

设备及主要材料见表6.9。

6.2.3　中心冷站控制原理

一号能源中心冷站控制原理如图6.2—图6.3、表6.10所示。

表6.9 冷战自控系统设备及主要材料

序号	设备名称	技术参数要求	数量	设备用途(测量、转换、传输或检测)或安装位置	型号	备注(品牌)
1	温度变送器	0~50 ℃	2只	冷却塔系统进、出水总管温度	7MC75111CA040AA1	西门子
			12只	6台制冷机冷冻水进、出口温度	7MC75111CA040AA1	西门子
			12只	6台制冷机冷却水进、出口温度	7MC75111CA040AA1	西门子
			4只	冬季免费制冷板换一、二次侧进、出口水温度	7MC75111CA040AA1	西门子
			120只	2个蓄冷水罐分层水温(每个罐60只);传感器插入深度必须足够保证	7MC75111CA310AA1	西门子
			4只	每个蓄冷水罐进、出口总管水温	7MC75111CA040AA1	西门子
			1只	1#—4#空调主机到分水器冷冻水总管温度	7MC75111CA040AA1	西门子
			1只	5#—6#空调主机到分水器冷冻水总管温度	7MC75111CA040AA1	西门子
			1只	释冷泵出口到分水器冷冻水总管温度	7MC75111CA040AA1	西门子
			2只	航站楼冷冻水供、回水温度	7MC75111CA040AA1	西门子
			2只	集水器回1#—4#空调主机及蓄冷水罐冷冻水总管温度 集水器回5#—6#空调主机总管温度	7MC75111CA040AA1	西门子
2	压力变送器	0~10 bar(g)	12只	6台制冷机冷冻水进、出口压力	7MF15673CA001AA1	西门子
			12只	6台制冷机冷却水进、出口压力	7MF15673CA001AA1	西门子
			1只	1#—4#空调主机到分水器冷冻水总管压力	7MF15673CA001AA1	西门子
			1只	5#—6#空调主机到分水器冷冻水总管压力	7MF15673CA001AA1	西门子
			1只	释冷泵出口到分水器冷冻水总管供水压力	7MF15673CA001AA1	西门子
			2只	分、集水器压力	7MF15673CA001AA1	西门子

续表

序号	设备名称	技术参数要求	数量	设备用途（测量、转换、传输或检测）或安装位置	型号	备注（品牌）
2	压力变送器	0~10 bar(g)	2只	航站楼冷冻水供、回水总管压力	7MF15673CA001AA1	西门子
			1只	集水器回1#—4#空调主机及蓄冷水罐冷冻水总管压力	7MF15673CA001AA1	西门子
			1只	集水器回5#—6#空调主机及蓄冷水罐冷冻水总管压力	7MF15673CA001AA1	西门子
			1只	定压罐出口压力	7MF15673CA001AA1	西门子
3	温湿度传感器	0~50 ℃/0~95% RH	1只	检测室外环境温湿度	QFA3171	西门子
4	流量计		6台	每台空调主机冷冻流量检测，用于冷量统计分析	7ME65805YB142AA1 DN450	西门子
			6台	每台空调主机冷却水流量检测	7ME65806PB142AA1 DN600	西门子
			1台	航站楼冷冻水供水总管流量检测，用于冷量统计分析	7ME65807RB142AA1 DN1000	西门子
			1台	冷冻水平衡管流量检测，由于存在双向流量工况，需具备方向判断功能	7ME65806FB142AA1 DN500	西门子
			1台	集水器回1#—4#空调主机及蓄冷水罐冷冻水总管流量检测，用于冷量统计分析	7ME65807MB142AA1 DN900	西门子
			1台	集水器回5#—6#空调主机及蓄冷水罐冷冻水总管流量检测，用于冷量统计分析	7ME65806PB142AA1 DN600	西门子
5	液位传感器		6只	6组冷却塔接水盘液位检测	7ML52210BA11	西门子
			2只	2个蓄冷水罐液位检测	7MF40331BA002AB0	西门子

序号	名称	高-低液位	数量	说明	61F-GP	品牌
6	液位保护开关	高-低液位	2只	2个蓄冷水罐的高低液位开关	61F-GP	欧姆龙
7	电动蝶阀		8台	冷却塔补水阀和蓄冷水罐补水阀	Z011-A /E50 执行器 DN100	依博罗
			4台	每个蓄冷水罐进、出口水阀	F012-K1 /配套伯纳德 EZ400 执行器 DN600	依博罗
			1台		F012-K1 /配套伯纳德 EZ1000 执行器 DN900	依博罗
			3台	空调主机与蓄冷系统工况切换阀	F012-K1 /配套伯纳德 EZ400 执行器 DN700	依博罗
			3台	免费制冷工况切换阀	Z011-A /E160 执行器 DN450	依博罗
			3台	每台制冷机冷却水进口阀	F012-K1 /配套伯纳德 EZ400 执行器 DN600	依博罗
			6台		F012-K1 /配套伯纳德 EZ400 执行器 DN600	依博罗
			12台	每组冷却塔冷却水进、出口阀	F012-K1 /配套伯纳德 EZ400 执行器 DN600	依博罗
			4台	CH01-CH04 制冷机冷冻水进口阀	Z011-A /E160 执行器 DN450	依博罗

续表

序号	设备名称	技术参数要求	数量	设备用途(测量、转换、传输或检测)或安装位置	型号	备注(品牌)
8	一级冷水泵变频起动柜		8台	CHPP01-06,CHPP09-10	威图柜体800×600×2 200(mm),AB公司PF753系列比标准型选型加大一档的20F1ANC205JN0NNNNN变频器,单台电机功率90 kW,配置C-Net冗余总线适配器,电气元件品牌均应招标要求	TAIHE
			2台	CHPP07-08	威图柜体800×600×2 200(mm),AB公司PF753系列比标准型选型加大一档的20F1ANC170JN0NNNNN变频器,单台电机功率75 kW,配置C-Net冗余总线适配器,电气元件品牌均应招标要求	TAIHE
9	二级冷水泵变频起动柜		4台	CHSP01-04	柜体600×600×2 200(mm),AB公司PF755系列比标准型选型加大一档的20G1ABC650JN0NNNNN变频器,单台电机功率315 kW,配置C-Net冗余总线适配器,电气元件品牌均应招标要求	TAIHE
			2台	CHSP05-08	威图柜体800×600×2 200(mm),柜内布置2台AB公司PF753系列比标准型选型加大一档的20F11NC104JA0NNNNN变频器,单台电机功率45 kW,配置C-Net冗余总线适配器,电气元件品牌均应招标要求	TAIHE

10	释冷水泵变频起动柜		3台		威图柜体800×600×2 200（mm），AB公司PF753系列比标准比标准选型加大一档的20F1ANC260JN0NNNN变频器，单台电机功率110 kW，配置C-Net冗余总线适配器，电气元件品牌均响应招标要求	TAIHE
11	冷却泵变频起动柜	DCP01-03	6台		柜体600×600×2 200（mm），AB公司PF755系列比标准选型加大一档的20G1ABC540JN0NNNN变频器，单台电机功率250 kW，配置C-Net冗余总线适配器，电气元件品牌均响应招标要求	TAIHE
12	冷却塔变频起动柜		6台	1#动力中心制冷站	威图柜体1 000×600×2 200（mm），4台AB公司PF753系列比标准选型加大一档的20F11NC060JA0NNNN变频器，单台电机功率22 kW,配置C-Net冗余总线适配器，电气元件品牌均响应招标要求	TAIHE
13	Modbus通信网关		2台	用于PLC和制冷机、清洗机、定压装置等自带控制的智能Modbus通信集成	2080-LC20-20QWB，含协议软件二次开发	罗克韦尔
14	声光报警器		1个	用于故障报警	XVB系列，闪烁红光+发声单元	施耐德

续表

序号		设备名称	技术参数要求	数量	设备用途（测量、转换、传输或检测）或安装位置	型号	备注（品牌）
15	15.1	PLC 主控制柜		1 台	1#动力中心制冷站	威图柜体 800×600×2 200（mm），电气元件品牌均满足招标要求	TAIHE
	15.2	远程 I/O 柜		3 台	1#动力中心制冷站	威图柜体 800×600×2 200（mm），电气元件品牌均满足招标要求	TAIHE
	15.3	制冷机 I/O 柜		2 台	1#动力中心制冷站	威图柜体 800×600×2 200（mm），电气元件品牌均满足招标要求	TAIHE
	15.4.1	PLC 电源		1 台	PLC 控制柜内	1756-PA72	罗克韦尔
	15.4.2	PLC 机架		1 台	PLC 控制柜内	1756-A10	罗克韦尔
	15.4.3	CPU 模块		1 台	PLC 控制柜内	1756-L71	罗克韦尔
	15.4.4	以太网模块		1 台	PLC 控制柜内	1756-ENBT	罗克韦尔
15.4	15.4.5	ControlNet 模块		1 台	PLC 控制柜内	1756-CNBR	罗克韦尔
	15.4.6	I/O 模块		1 台	PLC 控制柜内	1756-IF16	罗克韦尔
	15.4.7	I/O 模块		1 台	PLC 控制柜内	1756-IF8	罗克韦尔
	15.4.8	I/O 模块		1 台	PLC 控制柜内	1756-IB32	罗克韦尔
	15.4.9	I/O 模块		1 台	PLC 控制柜内	1756-OB32	罗克韦尔
	15.4.10	36 针前连接器		4 台	PLC 控制柜内	1756-TBCH 36Pin	罗克韦尔
	15.4.11	C 网总线连接器		106 台	PLC 控制柜内	1786-TPS	罗克韦尔

	序号	名称	要求	数量	安装位置	型号	品牌
15	15.5.1	PLC 电源	满足招标文件中的设备品牌选型要求	1台	PLC 控制柜内	1756-PA72	罗克韦尔
	15.5.2	PLC 机架		1台	PLC 控制柜内	1756-A7	罗克韦尔
	15.5.3	以太网模块		1台	PLC 控制柜内	1756-ENBT	罗克韦尔
	15.5.4	I/O 模块		1台	PLC 控制柜内	1756-IF8	罗克韦尔
	15.5.5	I/O 模块		1台	PLC 控制柜内	1756-IB16	罗克韦尔
	15.5.6	I/O 模块		1台	PLC 控制柜内	1756-OB16	罗克韦尔
	15.5.7	36 针前连接器		1台	PLC 控制柜内	1756-TBCH 36Pin	罗克韦尔
	15.5.8	20 针前连接器		2台	PLC 控制柜内	1756-TBNH 20Pin	罗克韦尔
	15.6.1	PLC 电源	满足招标文件中的设备品牌选型要求	1台	PLC 控制柜内	1756-PA72	罗克韦尔
	15.6.2	PLC 机架		1台	PLC 控制柜内	1756-A13	罗克韦尔
	15.6.3	以太网模块		1台	PLC 控制柜内	1756-ENBT	罗克韦尔
	15.6.4	I/O 模块		8台	PLC 控制柜内	1756-IF16	罗克韦尔
	15.6.5	I/O 模块		1台	PLC 控制柜内	1756-IB16	罗克韦尔
	15.6.6	I/O 模块		1台	PLC 控制柜内	1756-OB16	罗克韦尔
	15.6.7	36 针前连接器		8台	PLC 控制柜内	1756-TBCH 36Pin	罗克韦尔
	15.6.8	20 针前连接器		2台	PLC 控制柜内	1756-TBNH 20Pin	罗克韦尔
	15.7.1	PLC 电源	满足招标文件中的设备品牌选型要求	1台	PLC 控制柜内	1756-PA72	罗克韦尔
	15.7.2	PLC 机架		1台	PLC 控制柜内	1756-A10	罗克韦尔
	15.7.3	CPU 模块		1台	PLC 控制柜内	1756-L71	罗克韦尔
	15.7.4	以太网模块		1台	PLC 控制柜内	1756-ENBT	罗克韦尔
	15.7.5	ControlNet 模块		1台	PLC 控制柜内	1756-CNBR	罗克韦尔
	15.7.6	I/O 模块		1台	PLC 控制柜内	1756-IF16	罗克韦尔
	15.7.7	I/O 模块		2台	PLC 控制柜内	1756-IB32	罗克韦尔
	15.7.8	I/O 模块		2台	PLC 控制柜内	1756-OB32	罗克韦尔
	15.7.9	36 针前连接器		5台	PLC 控制柜内	1756-TBCH 36Pin	罗克韦尔

续表

序号		设备名称	技术参数要求	数量	设备用途（测量、转换、传输或检测）或安装位置	型号	备注（品牌）
15	15.8.1	PLC电源	满足招标文件中的设备品牌选型要求	2台	PLC控制柜内	1756-PA72	罗克韦尔
	15.8.2	PLC机架		2台	PLC控制柜内	1756-A7	罗克韦尔
15.8	15.8.3	以太网模块		2台	PLC控制柜内	1756-ENBT	罗克韦尔
	15.8.4	I/O模块		4台	PLC控制柜内	1756-IF16	罗克韦尔
	15.8.5	I/O模块		2台	PLC控制柜内	1756-IB32	罗克韦尔
	15.8.6	I/O模块		2台	PLC控制柜内	1756-OB32	罗克韦尔
	15.8.7	36针前连接器		8台	PLC控制柜内	1756-TBCH 36Pin	罗克韦尔
16		LCD现场显示屏		1台	用于显示关键运行参数或欢迎词	LCD-70NX255A 70英寸液晶显示器，配置网络数据转换接口和吊装套件	夏普
17		制冷站PLC控制策略包		1套	1#动力中心制冷站	包括全年多工况水蓄冷能节控制模型，制冷机组制冷群控、变频变流量节能控制，冷却塔最佳效率控制等全套控制策略	TAIHE
18	18.1	变频专用电缆		600 m	强电配电	BPYJVP 3×10+1×6	泰山电缆
	18.2	变频专用电缆		130 m	强电配电	BPYJVP 3×120+1×70	泰山电缆
	18.3	变频专用电缆		100 m	强电配电	BPYJVP 3×185+1×95	泰山电缆
	18.4	变频专用电缆		50 m	强电配电	BPYJVP 3×35+1×16	泰山电缆
	18.5	变频专用电缆		10 m	强电配电	BPYJVP 3×50+1×25	泰山电缆
	18.6	变频专用电缆		20 m	强电配电	BPYJVP 3×70+1×35	泰山电缆
	18.7	变频专用电缆		140 m	强电配电	BPYJVP 3×95+1×50	泰山电缆

序号	名称	数量	用途	规格	品牌
18.8	动力电缆	190 m	强电配电	YJV-0.6/1KV-3×120+1×70	泰山电缆
18.9	动力电缆	35 m	强电配电	YJV-0.6/1KV-3×150+1×70	泰山电缆
18.10	动力电缆	80 m	强电配电	YJV-0.6/1KV-3×50+1×25	泰山电缆
18.11	动力电缆	40 m	强电配电	YJV-0.6/1KV-3×95+1×50	泰山电缆
18.12	动力电缆	300 m	强电配电	YJV-0.6/1KV-3×240+1×120	泰山电缆
18.13	动力电缆	210 m	强电配电	YJV-0.6/1KV-2[3（1×185）]+1×185	泰山电缆
18.14	动力电缆	340 m	强电配电	YJV-0.6/1KV-2[3（1×240）]+1×240	泰山电缆
18.15	控制电缆	320 m	用于仪表、设备控制	KVVR 3×0.75	泰山电缆
18.16	控制电缆	1 400 m	用于仪表、设备控制	KVVR 6×0.75	泰山电缆
18.17	控制电缆	2 200 m	用于仪表、设备控制	KVVR 5×0.75	泰山电缆
18.18	控制电缆	6 500 m	用于仪表、设备控制	KVVRP 2×0.75	泰山电缆
18.19	控制电缆	700 m	用于仪表、设备控制	KVVRP 4×0.75	泰山电缆
18.20	控制电缆	80 m	用于仪表、设备控制	KVVRP 5×0.75	泰山电缆
18.21	通信电缆	200 m	RS485通信	2×0.75双绞线	天康
18.22	铝合金桥架	120 m	用于电缆敷设	200×100（含附件）	国产优质
18.23	铝合金桥架	150 m	用于电缆敷设	400×200（含附件）	国产优质
18.24	镀锌喷塑钢制桥架	50 m	用于电缆敷设	150×75（含附件）	国产优质
18.25	镀锌喷塑钢制桥架	280 m	用于电缆敷设	200×100（含附件）	国产优质
18.26	镀锌喷塑钢制桥架	220 m	用于电缆敷设	250×125（含附件）	国产优质

18

续表

序号		设备名称	技术参数要求	数量	设备用途（测量、转换、传输或检测）或安装位置	型号	备注（品牌）
18	18.27	镀锌喷塑钢制桥架		40 m	用于电缆敷设	400×100（含附件）	国产优质
	18.28	镀锌喷塑钢制桥架		40 m	用于电缆敷设	600×100（含附件）	国产优质
	18.29	镀锌喷塑钢制桥架		90 m	用于电缆敷设	600×200（含附件）	国产优质
	18.30	镀锌喷塑钢制桥架		210 m	用于电缆敷设	800×200（含附件）	国产优质
	18.31	穿线镀锌管		500 m	用于线路敷设	φ20	国产优质
	18.32	穿线软管		320 m	用于线路敷设	φ18.5	国产优质

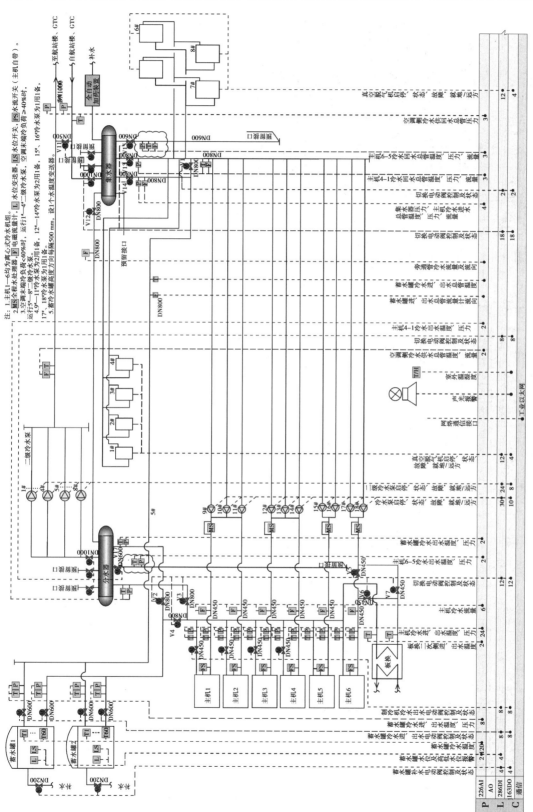

图6.2 一号能源中心冷站控制原理图（一）

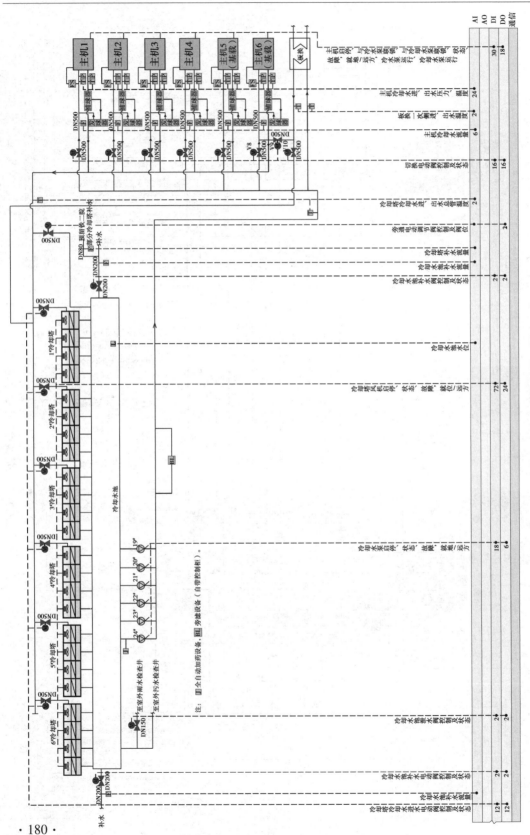

图6.3 一号能源中心冷冻站控制原理图（二）

表6.10 运行方式转换表

运行方式	工况
主机蓄冷工况	CH-01~04及对应的冷水一级泵开启,主机CH-05~06及对应的冷水一级泵关闭,冷水二级泵关闭;阀门V2、V3、V12、V13、V14、V15、V16关闭,V1、V4、V11开启;蓄冷水罐定压
主机蓄冷、基载供冷工况	主机、冷水一级泵开启,冷水二级泵小泵组开启,大泵组关闭;阀门V2、V3、V11、V13、V14关闭,V1、V4、V12、V15、V16开启;蓄冷系统为蓄冷水罐定压,基载系统为全自动定压罐定压
主机单独供冷工况	主机、冷水一级泵开启,冷水二级泵开启(根据负荷情况选择对应的运行泵组);阀门V1、V2、V4、V11、V14关闭,V3、V12、V13、V15、V16开启;全自动定压罐定压
蓄冷水罐单独供冷工况	主机、冷水一级泵关闭,冷水二级泵开启(根据负荷情况选择对应的运行泵组);阀门V1、V3、V4、V11、V12、V13、V15、V16关闭,V2、V14开启;蓄冷水罐定压
主机与蓄冷水罐联合供冷工况	主机、冷水一级泵开启,冷水二级泵开启(根据负荷情况选择对应的运行泵组);阀门V1、V11、V12、V16关闭,V2、V3、V4、V13、V14、V15开启;蓄冷水罐定压
仅三级泵运行工况	冷水二级泵不运行,阀门V11开启,各分区三级泵系统自带全自动定压罐
冷却塔供冷	①夏季:冷却水供水温度高于13℃(冷却塔冷却水出水温度),阀门V6、V7、V9、V10关闭,阀门V5、V8开启 ②预冷:冷却水供水温度低于13℃,阀门V5、V8、V7、V10关闭,阀门V6、V9开启;1台冷却水泵运行、1台冷水泵运行、2台冷却塔运行、1台主机运行,全自动定压罐定压 ③冬季免费供冷:冷却水供水温度小于8℃,阀门V5、V6、V8、V9关闭,阀门V7、V10开启;1台冷却水泵运行、1台冷水泵运行、2台冷却塔运行,全自动定压罐定压

参考文献

［1］李玉云.建筑设备自动化［M］.北京:机械工业出版社,2006.

［2］潘云钢.高层民用建筑空调设计［M］.北京:中国建筑工业出版社,1999.

［3］井上宇市.空气调节手册［M］.范存养,钱以明,秦慧敏,等译.北京:中国建筑工业出版社,1986.

［4］清华大学,西安冶金建筑学院,同济大学,等.空气调节［M］.北京:中国建筑工业出版社,1981.

［5］英国注册建筑设备工程师学会.注册建筑设备工程师手册［M］.龙惟定,王曙明,等译.北京:中国建筑工业出版社,1998.

［6］F. C.麦奎斯顿,J. D.帕克,J. D.斯皮特勒.供暖、通风及空气调节——分析与设计［M］.俞炳丰,译.北京:化学工业出版社,2005.

附　　录

附录1　变流量一次冷水泵与旁通电动调节阀的控制及选择

摘要:本文运用流体力学、流体机械理论、自动调节理论分析了冷冻站变流量一次冷水泵及供回水旁通电动调节阀的运行情况,提出了变流量时一次冷水泵电动机工作频率及冷冻供回水旁通电动调节阀开度控制可用压差偏差信号按分段函数分程调节实现,并给出了电动机工作频率与冷冻供回水旁通电动调节阀开度的增量 PID 控制模型,指出水流差压传感器设在末端管路有利于变流量一次冷水泵节能;分析了一次冷水泵及旁通电动调节阀选型时的注意事项,并给出了一次冷水泵变流量时旁通电动调节阀口径的计算公式。

大型冷冻站一般有多台一次冷水泵,通常用冷水供回水主管上压差实际测量值与设定值的偏差信号来同步调节所有一次冷水泵电动机的工作频率,使冷水供回水在变流量工况下运行,以达到节能的目的。

1.多台一次冷水泵变频调节的过程

加泵:首先起动一台运行时间相对最少的一次冷水泵,按该泵电动机工作频率的下限运行,旁通压差测量值小于设定值时,依次起动每1台运行时间相对较少的一次冷水泵,使冷冻水流量逐渐增加;当所有一次冷水泵同时在电动机工作频率下限运行而旁通压差测量值仍小于设定值时,则同步增加所有一次冷水泵电动机的工作频率直到达到额定频率。

减泵:当旁通压差测量值大于设定值时,同步减小所有一次冷水泵电动机的工作频率,使冷冻水流量降低;当所有一次冷水泵频率降到频率下限而旁通压差测量值仍大于设定值时,则依次停止每台运行时间相对较长的泵,若最后1台一次冷水泵运行频率降到频率下限而旁通压差测量值仍大于设定值,此泵仍然保持频率下限运行,用旁通压差测量值与设定值的偏差信号控制旁通电动调节阀的开度,以保证冷水机组蒸发器最小冷水流量不低于额定冷水流量的50%。

由上述可知,变流量调节的过程最终可简化为 1 台一次冷水泵的运行调节。

2. 变频一次冷水泵的工作范围

变频一次冷水泵在额定转速 n_1 和电动机允许的最低频率对应的转速 n_2 之间运行,管路特性曲线也在设计流量 Q_1 和最小流量 Q_2 之间变化,并要求其随时稳定在其中任一点,调节过程相当复杂。变频一次冷水泵的工作范围如图 1 所示阴影部分。

3. 采用普通三相异步电机时一次冷水泵的变频和旁通电动调节阀控制模型

1)边界条件

为保证冷水机组蒸发器的安全,一般冷水机组蒸发器冷水流量最小值取额定冷水流量的 50%,同时,为保证三相异步电动机不出现电动机过热情况,该电动机的最低运行频率 $f = 30$ Hz/35 Hz(进口/国产)。取 $f = 35$ Hz,

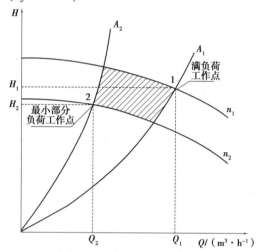

图 1　变频一次冷水泵工作范围

由流体机械理论知,等效率区:

$f_1/f_2 = n_1/n_2$, $n_1/n_2 = Q_1/Q_2$,

$f_1/f_2 = Q_1/Q_2$。式中: $f_1 = 50$ Hz, $f_2 = 35$ Hz;

当 Q_1 取 Q_0 时,(Q_0 为一次冷水泵额定流量 m^3/h)

$Q_2 = (f_2 \times Q_1)/f_1 = (35 \times Q_0)/50 = 0.7Q_0 (m^3/h)$。

由此可知,当一次冷水泵三相异步电动机工作频率降到 35 Hz 时,一次冷水泵的流量为其额定流量的 70%,(通常选取的一次冷水泵额定流量大于冷水机组蒸发器额定冷水流量)故该电动机最小运行频率 f_{min} 为 35 Hz 时能保证冷水机组蒸发器安全运行。

2)数学模型

定义: f 为三相异步电动机运行频率,Hz;

　　　 ϕ 为旁通电动调节阀开度,%;

　　　 ΔP_m 为旁通压差最大值,kPa。

偏差信号: $e = \Delta P - \Delta P_0$。

式中：ΔP_o——旁通压差设定值，kPa；

$\quad\quad\Delta P$——旁通压差测量值，kPa。

由线性函数理论及 $f=f(e)$、$\phi=\phi(e)$ 的几个特征点，可作出函数 $\phi(e)$ 和 $f(e)$ 的曲线，如图2 所示。

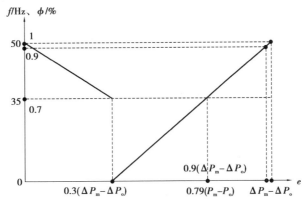

图2　f、ϕ 与 e 的关系图（一次冷水泵相对流量 $\overline{Q}=0.7$）

3）调节过程分析

当 $\Delta P<\Delta P_o$，$e<0$，

则 $f=50$ Hz，$\phi=0$；

当 $\Delta P_o\leqslant\Delta P\leqslant 0.3(\Delta P_m-\Delta P_o)+\Delta P_o$，$0\leqslant e\leqslant 0.3(\Delta P_m-\Delta P_o)$，

则 $f=50\{1-[e/(\Delta P_m-\Delta P_o)]\}$，$\phi=0$；

当 $0.3(\Delta P_m-\Delta P_o)+\Delta P_o<\Delta P\leqslant\Delta P_m$，$0.3(\Delta P_m-\Delta P_o)<e\leqslant-\Delta P_o$，

则 $f=35$ Hz，$\phi=[e-0.3(\Delta P_m-\Delta P_o)]/[0.7(\Delta P_m-\Delta P_o)]$。

上述曲线即 $f=f(e)$，$\phi=\phi(e)$。（如图2是 f、ϕ 与 e 的关系图）

4. 采用变频专用电机时一次冷水泵的变频和旁通电动调节阀控制模型

1）边界条件

同理，冷水机组蒸发器最小冷水流量应保证不小于该蒸发器额定流量的50%。由于水泵电动机的频率与水泵流量成正比，故一次冷水泵变频专用电机的频率由50 Hz 降到25 Hz 时，一次冷水泵流量为该泵额定流量的50%。又因为选取的一次冷水泵额定流量大于冷水机组蒸发器额定冷水流量，故一次冷水泵的最小运行频率 f_{min} 取25 Hz 时可保证冷水机组蒸发器安全运行。（此时因采用变频专用电机，故不考虑电动机过热现象）

2）数学模型

偏差信号：$e=\Delta P-\Delta P_o$。

作出变频专用电机的 $f=f(e)$、$\phi=\phi(e)$ 函数曲线，如图3所示。

3）调节过程分析

当 $\Delta P<\Delta P_o$，$e<0$，

则 $f=50$ Hz，$\phi=0$；

当 $\Delta P_o\leqslant\Delta P\leqslant 0.5(\Delta P_m-\Delta P_o)+\Delta P_o$，$0\leqslant e\leqslant 0.5(\Delta P_m-\Delta P_o)$，

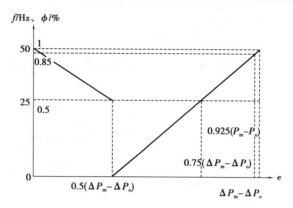

图3 f、ϕ 与 e 的关系图(一次冷水泵相对流量 $\overline{Q}=0.5$)

则 $f=50\{1-[e/(\Delta P_m-\Delta P_o)]\}$,$\phi=0$;

当 $0.5(\Delta P_m-\Delta P_o)+\Delta P_o<\Delta P\le\Delta P_m$,$0.5(\Delta P_m-\Delta P_o)<e\le(\Delta P_m-\Delta P_o)$,

则 $f=25$ Hz,$\phi=[e-0.5(\Delta P_m-\Delta P_o)]/[0.5(\Delta P_m-\Delta P_o)]$。

上述曲线即 $f=f(e)$,$\phi=\phi(e)$。(如图3是 f、ϕ 与 e 的关系图)

5. 动态设定值的确定

由上述可知,$f=f(e)$、$\phi=\phi(e)$ 均为分段函数,我们以此函数为理论依据,将此函数的取值作为一次冷水泵电动机频率的动态设定值 f_o 和旁通电动调节阀开度的动态设定值 ϕ_o,以便进行下一步的分析。

6. 一次冷水泵电动机频率的控制

由自动调节理论知,

偏差 $e=f-f_o$,$e(k)=f(k)-f_o(k)$,$k=0,1,2,\cdots,n$。

式中:f——一次冷水泵频率测量值,Hz;

f_o——根据上面的定义确定的一次冷水泵电动机频率动态设定值,Hz。

对一次冷水泵电动机频率增量 $\Delta f(k)$,有

$\Delta f(k)=Ae(k)+Be(k-1)+Ce(k-2)$。

其中:$A=K_P+K_I+K_D$,$B=-(K_P+2K_D)$,$C=K_D$。

式中:K_I——积分系数,$K_I=K_P T/T_I$;

K_P——比例系数,$K_P=1/\delta$,δ 为比例带;

K_D——微分系数,$K_D=K_P T_D/T$。

δ,T_I,T_D 可取经验值:$\delta=20\%\sim60\%$,积分时间 $T_I=3\sim10$ min,微分时间 $T_D=0.5\sim3$ min。

$e(k-1)=f(k)-f_o(k-1)$,$k=0,1,2,\cdots,n$;

$e(k-2)=f(k-1)-f_o(k-2)$,$k=0,1,2,\cdots,n$。

7. 旁通电动调节阀开度控制

由自动调节理论知,偏差 $e=\phi-\phi_o$,$e(k)=\phi(k)-\phi_o(k)$,$k=0,1,2,\cdots,n$。

式中：ϕ——旁通电动调节阀开度测量值，%；

ϕ_o——根据上面的定义确定的旁通电动调节阀开度的动态设定值，%。

对旁通电动调节阀开度增量 $\Delta\phi(k)$，有

$\Delta\phi(k)=Ae(k)+Be(k-1)+Ce(k-2)$。

其中：$A=K_P+K_I+K_D,B=-(K_P+2K_D),C=K_D$。

式中：K_I——积分系数，$K_I=K_P T/T_I$；

K_P——比例系数，$K_P=1/\delta,\delta$ 为比例带；

K_D——微分系数，$K_D=K_P T_D/T$。

δ,T_I,T_D 可取经验值：$\delta=20\%\sim60\%$，积分时间 $T_I=3\sim10$ min，微分时间 $T_D=0.5\sim3$ min。

$e(k-1)=\phi(k)-\phi_o(k-1),k=0,1,2,\cdots,n$；

$e(k-2)=\phi(k-1)-\phi_o(k-2),k=0,1,2,\cdots,n$。

8. 一次冷水泵及变频器的选择

由流体机械理论知，多台水泵并联，应选取同一型号的水泵并联，效率才高。故冷冻站所有变流量一次冷水泵均选用同一型号的水泵。

变频器应选择风机水泵专用型变频器并配装滤波器、电抗器，以减少对电网的干扰。

由于变频专用电机一次冷水泵变频范围宽、节能效果好，建议优先选用变频专用电机一次冷水泵。

9. 旁通电动调节阀的选择

选择旁通电动调节阀要考虑阀门特性、阀门最大关闭压差、阀门运行压差、阀门运行流量。

对旁通电动调节阀权度 P_v，有

$P_v=\Delta P_v/(\Delta P_v+\Delta P_r)$。

式中：ΔP_v——旁通电动调节阀全开时的阻力，N；

ΔP_r——旁通管上除旁通电动调节阀以外的2个手动蝶阀全开时的阻力，N。

由工程经验知：ΔP_r 很小，故 $\Delta P_v\approx1$。因此，直线特性旁通电动调节阀可近似为理想直线特性，等百分比特性旁通电动调节阀可近似为理想等百分比特性。

理想直线特性与理想等百分比特性旁通电动调节阀相对开度 $\overline{\phi}$ 与相对流量 $\overline{Q}$ 的关系如图4所示。

选择计算：

由流体力学知，$(L_2/L_1)^2=(\Delta P_2)/(\Delta P_1)$，

故 $\Delta P_2=(\Delta P_1)(L_2/L_1)^2$。

式中：L_1——冷水机组蒸发器额定冷水流量，m^3/h；

L_2——冷水机组蒸发器最大冷水流量(一次冷水泵额定流量)，m^3/h；

ΔP_1——冷水机组蒸发器额定压降，mH_2O；

ΔP_2——冷水机组蒸发器最大压降，mH_2O。

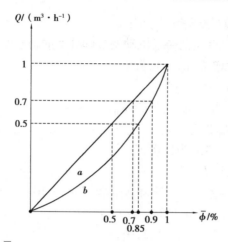

图4 $\overline{Q}$ 与 $\overline{\phi}$ 的关系图(a 为理想直线特性, b 为理想等百分比特性)

1)专用变频电机一次冷水泵($\overline{Q}=0.5$)

(1)直线特性旁通电动调节阀

由流体力学知, $\Delta P_m/\Delta P_{min}=(L_2)^2/(L_{min})^2$,

$\Delta P_{min}=\Delta P_m(L_{min})^2/(L_2)^2=0.25\Delta P_m$ 。

式中: ΔP_m ——压差最大值,Pa, $\Delta P_m=H_2-\Delta P_2$;

$\quad\Delta P_{min}$ ——压差最小值,Pa;

$\quad L_{min}$ ——一次冷水泵最小流量, m^3/h , $L_{min}=0.5L_2$;

$\quad H_2$ ——一次冷水泵额定扬程, mH_2O 。

由图4可知,在直线特性曲线上,当 $\overline{Q}=0.5$ 时, $\overline{\phi}=0.5$;

由图3可知,当 $\overline{\phi}=0.5$ 时,偏差 $e=0.75(\Delta P_m-\Delta P_o)$ 。

旁通电动调节阀压差设定值 $\Delta P_o=\Delta P_{min}=0.25\Delta P_m$;

旁通电动调节阀运行压差 $\Delta P=0.75(\Delta P_m-\Delta P_o)+\Delta P_o=0.8125\Delta P_m$;

旁通电动调节阀运行流量 $W_{max}=L_{min}=0.5L_2$;

旁通电动调节阀流动能力: $C_{max}=316W_{max}/\Delta P^{1/2}$;

理论 $K_{vs}=C_{max}/1.17$ 。

根据理论 K_{vs} 值查产品样本,并注意阀门最大关闭压力 ΔP_s 、阀门运行压差 ΔP_{max} 不超过产品样本给出的值,选取对应的阀门($\Delta P_s=\Delta P_m$, $\Delta P_{max}=\Delta P$)。考虑一次冷水泵在非等效率区运行,旁通电动调节阀口径相比理论计算值,应放大一个规格。

(2)等百分比特性旁通电动调节阀

由图4可知,在等百分比特性曲线上,当 $\overline{Q}=0.5$ 时, $\overline{\phi}=0.85$;

由图3可知,当 $\overline{\phi}=0.85$ 时,偏差 $e=0.925(\Delta P_m-\Delta P_o)$ 。

旁通电动调节阀压差设定值 $\Delta P_o=\Delta P_{min}=0.25\Delta P_m$;

旁通电动调节阀运行压差 $\Delta P=0.925(\Delta P_m-\Delta P_o)+\Delta P_o=0.9438\Delta P_m$;

旁通电动调节阀运行流量 $W_{max}=L_{min}=0.5L_2$;

旁通电动调节阀流动能力 $C_{max}=316W_{max}/\Delta P^{1/2}$;

理论 $K_{vs} = C_{max}/1.17$。

根据理论 K_{vs} 值查产品样本,并注意阀门最大关闭压力 ΔP_s,阀门运行压差 ΔP_{max} 不超过产品样本给出的值,选取对应的阀门($\Delta P_s = \Delta P_m$,$\Delta P_{max} = \Delta P$)。考虑一次冷水泵在非等效率区运行,旁通电动调节阀口径相比理论计算值,应放大一个规格。

2)普通三相异步电机一次冷水泵($\overline{Q} = 0.7$)

(1)直线特性旁通电动调节阀

由流体力学知,$\Delta P_m/\Delta P_{min} = (L_2)^2/(L_{min})^2$,

$\Delta P_{min} = \Delta P_m(L_{min})^2/(L_2)^2 = 0.49\Delta P_m$。

式中:ΔP_m——压差最大值,Pa,$\Delta P_m = H_2 - \Delta P_2$;

$\quad\quad \Delta P_{min}$——压差最小值,Pa;

$\quad\quad L_{min}$——一次冷水泵最小流量,m^3/h,$L_{min} = 0.7L_2$;

$\quad\quad H_2$——一次冷水泵额定扬程,mH_2O。

由图 4 可知,在直线特性曲线上,当 $\overline{Q} = 0.7$ 时,$\overline{\phi} = 0.7$;

由图 3 可知,当 $\overline{\phi} = 0.7$ 时,偏差 $e = 0.79(\Delta P_m - \Delta P_o)$。

旁通电动调节阀压差设定值 $\Delta P_o = \Delta P_{min} = 0.49\Delta P_m$;

旁通电动调节阀运行压差 $\Delta P = 0.79(\Delta P_m - \Delta P_o) + \Delta P_o = 0.8929\Delta P_m$;

旁通电动调节阀运行流量 $W_{max} = L_{min} = 0.7L_2(m^3/h)$;

旁通电动调节阀流动能力 $C_{max} = 316W_{max}/\Delta P^{1/2}$;

理论 $K_{vs} = C_{max}/1.17$。

根据理论 K_{vs} 值查产品样本,并注意阀门最大关闭压力 ΔP_s,阀门运行压差 ΔP_{max} 不超过产品样本给出的值,选取对应的阀门($\Delta P_s = \Delta P_m$,$\Delta P_{max} = \Delta P$)。考虑一次冷水泵在非等效率区运行,旁通电动调节阀口径相比理论计算值,应放大一个规格。

(2)等百分比特性旁通电动调节阀

由图 4 可知,在等百分比特性曲线上,当 $\overline{Q} = 0.7$ 时,$\overline{\phi} = 0.9$;

由图 3 可知,当 $\overline{\phi} = 0.9$ 时,偏差 $e = 0.93(\Delta P_m - \Delta P_o)$。

旁通电动调节阀压差设定值 $\Delta P_o = \Delta P_{min} = 0.49\Delta P_m$;

旁通电动调节阀运行压差 $\Delta P = 0.93(\Delta P_m - \Delta P_o) + \Delta P_o = 0.9643\Delta P_m$;

旁通电动调节阀运行流量 $W_{max} = L_{min} = 0.7L_2$;

旁通电动调节阀流动能力 $C_{max} = 316W_{max}/\Delta P^{1/2}$。

理论 $K_{vs} = C_{max}/1.17$。

根据理论 K_{vs} 值查产品样本,并注意阀门最大关闭压力 ΔP_s、阀门运行压差 ΔP_{max} 不超过产品样本给出的值,选取对应的阀门($\Delta P_s = \Delta P_m$,$\Delta P_{max} = \Delta P$)。考虑一次冷水泵在非等效率区运行,旁通电动调节阀口径相比理论计算值,应放大一个规格。

3)示例

某烟厂动力中心冷冻站供回水旁通电动调节阀的计算:

设计采用普通三相异步电动机一次冷水泵,有:

$L_1 = 784\ m^3/h$,$\Delta P_1 = 8.3\ mH_2O$,$L_2 = 900\ m^3/h$,$H_2 = 42\ mH_2O$,

$\Delta P_2 = (L_2/L_1)^2\Delta P_1 = 8.3 \times (900/784)^2 = 10.93\ mH_2O$。

旁通阀最大压降：$\Delta P_m = H_2 - \Delta P_2 = 42 - 10.93 = 31.07 \ mH_2O = 31.07 \times 10^4 \ Pa = 330.7 \ kPa$；

旁通阀运行流量：$W_{max} = 0.7L_2 = 0.7 \times 900 = 630 \ m^3/h$。

按直线特性特性旁通阀计算：

旁通阀压差设定值 $\Delta P_o = \Delta P_{min} = 0.49\Delta P_m = 0.49 \times 330.7 = 162.04 \ kPa$；

旁通阀运行压差 $\Delta P = 0.8929\Delta P_m = 0.8929 \times 330.7 = 295 \ kPa$；

旁通阀流动能力 $C_{max} = 316W_{max}/\Delta P^{1/2} = 316 \times 630/(295 \times 10^3)^{1/2} = 316 \times 630/543.1 = 366.6$。

理论 $K_{vs} = C_{max}/1.17 = 366.6/1.17 = 313.3$，理论选择 DN150 电动调节阀（$K_{vs} = 315$，$\Delta P_{max} = 1200 \ kPa$），考虑一次冷水泵在非等效率区运行，旁通电动调节阀口径相比理论计算值，应放大一个规格。

查西门子公司样本，选择 VVF43.200-450K/SKC60 DN200（$K_{vs} = 450$，$\Delta P_{max} = 800 \ kPa$）电动调节阀。

10. 水流压差传感器位置的选择

由一次水泵电动机运行频率 $f = 50\{1 - [e/(\Delta P_m - \Delta P_o)]\}$ 知，

若 $e_1 = (\Delta P_m - \Delta P_o) + \Delta P_1$，

$f = 50[(\Delta P_m - \Delta P_o) - (\Delta P_m - \Delta P_o) + \Delta P_1]/(\Delta P_m - \Delta P_o)$，

$f_1 = 50\Delta P_1/(\Delta P_m - \Delta P_o)$；

$e_2 = (\Delta P_m - \Delta P_o) + \Delta P_2$，

$f_2 = 50[(\Delta P_m - \Delta P_o) - (\Delta P_m - \Delta P_o) + \Delta P_2]/(\Delta P_m - \Delta P_o) = 50\Delta P_2/(\Delta P_m - \Delta P_o)$。

由流体机械理论知，$N_1/N_2 = (n/n_2)^m = (f_1/f_2)^m = (\Delta P_1/\Delta P_2)^m$，

即 $N = k\Delta P^m$。

式中：N——一次冷水泵能耗，kW；

ΔP——旁通压差测量值，Pa；

K——常数；

M——常数。

水流压差传感器位置设置简图如图 5 所示。

图 5 的冷水系统静压分布如图 6 所示。

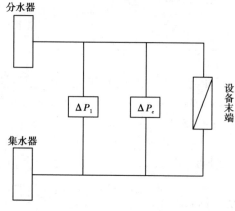

图 5 冷水系统水流压差传感器分布

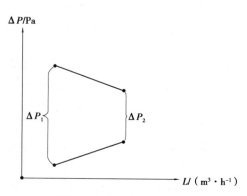

图 6 冷水系统静压分布

由图 6 可知,$\Delta P_1 > \Delta P_2$,由于 $N = k\Delta P^m$,故 $N_1 > N_2$。

由上述可知,在分、集水器上设置水流压差传感器的一次冷水泵能耗大于在冷水系统末端设置水流压差传感器的一次冷水泵能耗,因此建议将水流压差传感器设在冷水系统末端为宜。

11. 结论

综上所述,普通三相异步电动机与变频专用电动机一次冷水泵、旁通电动调节阀压差控制分段函数的控制模型是相似的,其区别仅在于电动机的频率下限不同。水流压差传感器设在冷水系统末端的节能效果优于设在分、集水器上。一次冷水泵变流量下旁通电动调节阀口径的计算不同于定流量下的计算。由于变频专用电动机的变频范围大于普通三相异步电动机,因而其节能效果更好。建议优先选择变频专用电动机一次冷水泵,并优先选择风机水泵型变频器。

附录2　冷却塔风机最优节能控制

摘要:本文根据冷却塔换热理论、实测性能曲线以及空调理论,提出冷却塔冷却水定流量和变流量运行时采用随机定值控制冷却塔风机变频器频率或冷却塔风机起停优于采用普通定值控制,全年运行时,随机定值控制方式对应的冷却塔冷却水出水温度均低于普通定值控制时的温度,因此,采用随机定值控制冷却塔风机变频器频率或冷却塔风机起停有利于水冷式冷水机组全年节能运行。文中还提出了冷却塔冷却水定流量与变流量运行时,冷却塔风机变频及起停随机定值控制模型。

目前,冷却塔风机普遍采用一种定值控制方法,即采用冷却塔冷却水出水温度测量值与设定值的偏差信号来控制冷却塔风机变频器频率或冷却塔风机起停,达到预定的冷却水出水温度控制和节省冷却塔风机工作电耗的目的。

此种方法并不是最优的节能方法,以下按冷却塔冷却水流量一定和冷却塔冷却水流量变化这两种情况进行分析。

1. 冷却塔冷却水流量一定

根据冷却塔换热理论,在冷却水流量一定,冷却水进、出水温差一定时,冷却塔冷却能力(即冷却水出水温度)取决于环境大气湿球温度,理论上,只要冷却塔换热面积无穷大,冷却塔冷却水出水温度等于环境大气湿球温度。然而,由于经济与制造技术的原因,冷却塔换热面积总是有限的。此时,冷却塔趋近温差为常数(一般取 5 ℃),冷却塔冷却水出水温度等于环境大气湿球温度加冷却塔趋近温差。由此可知,当冷却塔趋近温差恒定时,冷却塔出水温度随环境大气湿球温度变化而变化,它是环境大气湿球温度的随机函数,如果环境大气湿球温度下降,冷却塔出水温度也下降。常规的定值控制一般是按夏季空调设计状态来确定冷却塔冷却水出水温度设定值。一般按工程地点查《采暖通风及空气调节设计规范》(GBJ 19—87,2003年版)来确定室外大气湿球温度 t_s;再根据 $t_o = t_s + 5$,确定冷却塔冷却水出水温度设定值 t_o。以重庆为例,可查得夏季空气调节室外计算湿球温度为 27.3 ℃,因此,冷却塔冷却水出水温度设定值 $t_o = 27.3 + 5 = 32.3$ ℃。然而夏季的大多数时间室外湿球温度低于 27.3 ℃。若按随机变化的室外湿球温度来确定冷却塔冷却水出水温度设定值,明显可知此时冷却塔冷却水出水温度设定值低于定值控制设定值32.3 ℃,按照制冷理论,冷却水温低,降低了冷凝温度,在冷却水出水温度不变的情况下,降低了压缩比,减少了冷水机组的输入功率,提高了冷水机组的制冷效率,能显著节省冷水机组运行电耗。因此采用随机定值设定冷却塔冷却水出水温度优于采用定值设定冷却塔冷却水出水温度。

然而,采用随机设定冷却塔冷却水出水温度的方式来控制冷却塔风机变频器频率或冷却塔风机起停的关键是确定环境大气湿球温度,即问题转换为已知环境大气干球温度 t、相对湿度 φ,求环境大气湿球温度 t_s。

由空调理论知,当湿球温度计读数稳定时,空气所放显热与水分蒸发所吸汽化潜热正好相等,即 $A(t-t_s)B=P_{q,b}-P_q$,

$$t-t_s=\frac{P_{q,b}-P_q}{AB},t_s=t-\frac{P_{q,b}-P_q}{AB}。$$

$$P_q=\varphi P_{q,b},A=\left(65+\frac{6.75}{V}\right)\times10^{-5}。\ (V=3\sim10\ \text{m/s},采用新风温湿度传感器,V=6\ \text{m/s})$$

式中:$P_{q,b}$——饱和水蒸气分压力,Pa;

P_q——水蒸气分压力,Pa;

B——大气压力,Pa。

当 $t\geq0$ ℃($T\geq273$ K),

$$\lg P_{q,b}=30.590\ 51-8.2\lg T+(2.480\ 4\times10^{-3})T-\left[\frac{314\ 231}{T}\right]。$$

式中:$P_{q,b}$——饱和水蒸气分压力,kPa;

T——大气干球温度,K。

因为冷站控制器与空调控制器已联网,故环境大气干球温度和相对湿度均可用新风温湿度传感器测出,再根据上述数学模型编制软件,即可随机求出环境大气湿球温度,并随机求出冷却塔冷却水出水温度设定值,根据测量值与设定值的偏差信号,即可控制冷却塔风机变频器频率或控制冷却塔风机起停,达到大量节省冷却塔风机电耗的目的。

①多台冷却塔风机变频控制(冷却水定流量)。

以冷却塔冷却水出水总管温度测量值与动态设定值的偏差信号作为控制信号,同步调节所有冷却塔风机频率以适应冷却塔冷却负荷的变化。

$T>T_o$,$\Delta T=T-T_o$,$T_o=T_s+5$,$T_o\geq T_{min}$,T_{min} 为冷水机组冷却水进水最小温度(℃)。

$f=k_1+k_2\Delta T$。

a. 当 $\Delta T=0$,$f=0$,代入上式,得 $k_1=0$,故 $f=k_2\Delta T$。

b. 当 $\Delta T=\Delta T_{max}$,$\Delta T_{max}=T_{max}-T_o$,由制冷机样本知,一般水冷式冷水机组最大冷却水进水温度 $T_{max}=35$ ℃,

故 $\Delta T_{max}=35-T_o$,

将 $f_{max}=50$ Hz 代入式子 $f_{max}=k_2\Delta T_{max}$,有 $k_2=\frac{f_{max}}{\Delta T_{max}}=\frac{50}{35-T_o}$,

$$f=\frac{50}{35-t_o}\Delta T。$$

当 $\Delta T = 0$, $f = 0$;

当 $0 < \Delta T \leqslant \dfrac{35(35 - T_o)}{50}$, $f = 35$ Hz;

当 $\dfrac{35(35 - T_o)}{50} < \Delta T < (35 - T_o)$, $35 < f < 50$ Hz,

故 $\Delta T \geqslant (35 - T_o)$, $f = 50$ Hz。

上述曲线即 $f = f(\Delta T)$。（如图 1 是 f-ΔT 分段函数曲线图）

上式中: T——冷却塔冷却水出水总管温度测量值,℃;

　　　　T_o——冷却塔冷却水出水总管温度设定值,℃;

　　　　T_s——环境大气湿球温度,℃;

　　　　f——冷却塔风机变频器频率,Hz。

由上可知,当 $\Delta T = 0$（即 $T = T_o$）,$f = 0$,所有冷却塔风机停机。

当 $0 < \Delta T \leqslant \dfrac{35(35 - T_o)}{50}$,$f = 35$ Hz,所有冷却塔风机变频器以 35 Hz 频率运行;

当 $\dfrac{35(35 - T_o)}{50} < \Delta T < 35 - T_o$,所有冷却塔风机以 $\dfrac{50}{35 - T_o}\Delta T$ (Hz)的频率运行;

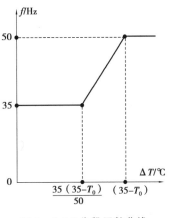

当 $\Delta T \geqslant 35 - T_o$,$f = 50$ Hz,所有冷却塔风机以 50 Hz 的频率运行。

图 1　f-ΔT 分段函数曲线

②多台冷却塔风机起停控制(冷却水定流量)。

采用冷却塔冷却水出水总管温度测量值与动态设定值的偏差信号作为控制信号,同步调节所有冷却塔风机起停以适应冷却塔冷却负荷的变化。

$T_o = T_s + 5$,$T_o \geqslant T_{min}$,T_{min} 为冷水机组冷却水进水最小温度(℃)。

当 $T > T_o$,$\Delta T = T - T_o > 0$,所有风机起动;

当 $T = T_o$,$\Delta T = 0$,所有风机停机。

上式中: T——冷却塔冷却水出水总管温度,℃;

　　　　T_o——冷却塔冷却水出水总管温度设定值,℃;

　　　　T_s——环境大气湿球温度,℃。

建议采用 1 个冷却塔对应 1 台冷却水泵及 1 个冷水机组,每个冷却塔冷却水进、出口均装电动起停蝶阀,1 个冷水机组起动就起动 1 台冷却水泵并起动 1 个冷却塔,每台冷却塔风机与其对应的电动起停蝶阀联锁。

2. 冷却塔冷却水流量变化

由于控制技术发展,目前很多冷站冷水机组的冷却水泵采用了变频控制,冷却塔冷却水流量是变化的。但一般冷却水泵采用三相异步电机,由于频率下限太低会影响电机散热,因此,变频器的下限频率不低于 35 Hz,变频器频率运行范围为 35 ~ 50 Hz,相对频率变化范围为 70% ~ 100%。由流体机械理论知,冷却水泵转速(频率)与冷却水流量成正比,故冷却水流量变化范围在 70% ~ 100%,由此可知,冷却水流量变化范围较小。由实验可得冷却塔冷却水变流量时的性能数据,如图 2 所示。由图 2 可知,在冷却范围(冷却水进、出水温差)为 5.6 ℃ 及单位制冷量的冷却水流量 L 为常数,冷却水出水温度 t 与大气湿球温度 t_s 为线性函数:

当 $L=0.072$ L/$(s \cdot kW)$ 时,$t=0.625(t_s-28)+34$;

$L=0.036$ L/$(s \cdot kW)$ 时,$t=0.771(t_s-28)+30.5$。

当 $t_s=m$,$L=0.072$ L/$(s \cdot kW)$ 时,$t=0.625(m-28)+34(℃)$;

$L=0.036$ L/$(s \cdot kW)$ 时,$t=0.771(m-28)+30.5(℃)$。

即两个点的坐标为 $[0.072,0.625(m-28)+34]$,$[0.036,0.771(m-28)+30.5]$。

在大气湿球温度一定时 $(t_s=m)$,一般而言,这两个坐标点之间的函数图像为曲线,由于冷却塔冷却水流量变化范围较小,在这两个坐标点之间可以用直线代替曲线,误差在工程中是允许的。故把上述两个坐标点代入线性插值法计算公式可得:

$t=0.625(m-28)+34+[97.2-4.056(m-28)](L-0.072)$,$t_s=m$,

故 $t=0.625(t_s-28)+34+[97.2-4.056(t_s-28)](L-0.072)$。

趋近温差 $\Delta t=t-t_s=0.625(t_s-28)+34+[97.2-4.056(t_s-28)](L-0.072)-t_s$

$=[97.2-4.056(t_s-28)](L-0.072)+16.5-0.375t_s$。

由上述可知,当冷却塔范围一定(冷却水进、出水温差一定)、大气湿球温度一定,单位制冷量时若冷却水流量增加,则冷却塔冷却水出水温度升高,趋近温差增大;单位制冷量时若冷却水流量减少,则冷却塔冷却水出水温度降低,趋近温差减小。

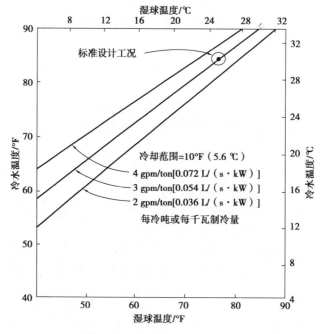

图 2 冷却塔冷却水变流量性能数据

因此,当冷却塔冷却水流量变化时:

$t_o=t_s+\Delta t$。

式中: t_o——冷却塔冷却水出水温度设定值,℃;

t_s——大气湿球温度,℃;

Δt——趋近温差,℃。

由上述可知,$t_o = 0.625(t_s-28)+34+[97.2-4.056(t_s-28)](L-0.072)$,

因此,冷却塔冷却水流量变化时,冷却塔冷却水出水温度跟大气湿球温度及单位制冷量时的冷却水流量有关。可按上式确定冷却塔冷却水出水温度设定值,再根据冷却塔冷却水出水温度测量值与设定值的偏差信号控制冷却塔风机变频器频率或风机的起停。由于大气湿球温度是随机的,故冷却塔冷却水出水温度设定值也是随机的,因此,冷却塔冷却水变流量时,冷却塔风机也是随机控制的。

①多台冷却塔风机变频控制(冷却水变流量)。

以冷却塔冷却水出水总管温度测量值与动态设定值的偏差信号作为控制信号,同步调节所有冷却塔风机频率以适应冷却塔负荷的变化。

$T>T_o$,$\Delta T=T-T_o$,$T_o=0.625(t_s-28)+34+[97.2-4.056(t_s-28)](L-0.072)$,

$4\leq t_s \leq 32$ ℃,$0.036\leq L\leq 0.072$ L/(s·kW),$T_{min}\leq T_o\leq 34$ ℃。

$\Delta T=0$,$f=0$;

$0<\Delta T\leq \dfrac{35(35-T_o)}{50}$,$f=35$ Hz;

$\dfrac{35(35-T_o)}{50}<\Delta T<(35-T_o)$,$35<\dfrac{50}{(35-T_o)}\Delta T<50$ Hz,

$\Delta T\geq 35-T_o$,$f=50$ Hz。

②多台冷却塔风机起停控制(冷却水变流量)。

以冷却塔冷却水出水总管温度测量值与动态设定值的偏差信号作为控制信号,同步起停所有冷却塔风机以适应冷却塔负荷的变化。

$T>T_o$,$\Delta T=T-T_o$,$T_o=0.625(t_s-28)+34+[97.2-4.056(t_s-28)](L-0.072)$,

$4\leq t_s\leq 32$ ℃,$0.036\leq L\leq 0.072$ L/(s·kW),$T_{min}\leq T_o\leq 34$ ℃,所有风机起动。

$T=T_o$,$\Delta T=0$,所有风机停机。

冷却塔冷却水流量变化时,首先要根据冷水机组冷量测量值 $Q(kW)$、冷却水流量测量值 $l(L/S)$,计算单位制冷量冷却水流量 L,$L=\dfrac{l}{Q}$;再根据大气湿球温度测量值 t_s,按 $t_o=0.625(t_s-28)+34+[97.2-4.056(t_s-28)](L-0.072)$计算冷却塔冷却水出水温度设定值。

设大气湿球温度 $t_s=24$ ℃,冷却塔冷却水进、出水温差不变,工程地点为重庆,当冷却塔冷却水变流量随机定值控制运行时,若 L 等于单位制冷量额定冷却水流量,冷却塔冷却水出水温度设定值 t_o 可按下式计算:

$t_o=0.625(t_s-28)+34=0.625(24-28)+34=31.5$ ℃。

当冷却塔冷却水定流量随机定值控制运行时,冷却塔冷却水出水温度设定值 t_o 可按下式计算:

$t_o=t_s+5=24+5=29$ ℃。

当冷却塔冷却水定流量普通定值控制运行时,冷却塔冷却水出水温度设定值 $t_o=27.3+5=32.3$ ℃。

由上述可知,冷却水流量变化时采用随机定值控制运行时的冷却塔冷却水出水温度≤冷却水流量为冷却塔额定冷却水流量采用普通定值控制运行时的冷却塔冷却水出水温度,因此有利于冷水机组节能运行。上述两种随机定值控制方式均优于普通定值控制方式。

冷却水变流量时冷却塔、冷却水泵、冷水机组的对应关系与冷却塔冷却水定流量时的相同。

运用上述节能控制方法时,需要注意下列问题:

a. 电冷水机组冷却水进水最小水温 $T_{min} \geq 12$ ℃。(见各厂家样本)

b. 吸收式冷水机组冷却水进水最小水温 $T_{min} \geq 18 \sim 24$ ℃。(根据各厂家样本而定,一般进口品牌为 18 ℃,国产品牌为 24 ℃)

因为冷却水进水水温太低会导致电制冷机压缩比过小,无法启机,致使吸收式冷水机组溶液结晶,无法启机,故需对冷却水进水水温的下限进行限制。

综上所述,普遍采用的通过定值设定冷却塔冷却水出水温度来控制冷却塔风机变频器频率或冷却塔风机起停并不是最优节能控制方法,最优节能控制方法应为:冷却塔冷却水定流量运行时应采用大气湿球温度随机设定冷却塔冷却水出水温度,冷却塔冷却水变流量运行时应采用大气湿球温度和单位制冷量时的冷却水流量随机设定冷却塔冷却水出水温度设定值,再根据冷却塔冷却水出水温度测量值与设定值的偏差信号来控制冷却塔风机变频器频率和冷却塔风机起停。以上两种随机定值控制方式对应的冷却塔冷却水出水温度全年均低于普通定值控制时的温度,因此有利于水冷式冷水机组全年节能运行。

注:因为冷却塔风机为三相异步电机,考虑到散热风扇与电机为同一主轴,转速降低、散热困难,故冷却塔风机变频器有频率下限,进口/国产三相异步电机频率下限为 30/35 Hz,国产三相异步电机频率下限可取 35 Hz。